20几岁，决定女人的职场身价

여자 20대, 몸값을 올려라

【韩】裴相美 著　千太阳 译

重庆出版集团　重庆出版社

版贸核渝字（2009）第 79 号

图书在版编目（CIP）数据

20 几岁，决定女人的职场身价 / （韩）裴相美 著；千太阳 译. – 重庆：重庆出版社，2010.6

ISBN 978-7-229-01881-8

Ⅰ.①2… Ⅱ.①裴… ②千… Ⅲ.①女性—成功心理学—通俗读物

Ⅳ.①B848.4-49

中国版本图书馆 CIP 数据核字（2010）第 081698 号

20 几岁，决定女人的职场身价

20 JISUI，JUEDING NüREN DE ZHICHANG SHENJIA

［韩］裴相美　著

千太阳　译

出 版 人：罗小卫

策　　划：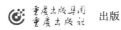华章同人

责任编辑：陈　丽

特约编辑：张思伟

责任印制：杨　宁

责任校对：曾祥志

封面设计：汝果儿　TEL:13146887534

重庆出版集团
重庆出版社　出版

（重庆长江二路 205 号）

北京中印联印务有限公司　印刷

重庆出版集团图书发行公司　发行

邮购电话：010-85869375/76/77 转 810

E-MAIL：tougao@alpha-books.com

全国新华书店经销

开本：787mm×1092mm　1/16　印张：12.5　字数：129千

2010年8月第1版　2010年8月第1次印刷

定价：25.00元

如有印装质量问题，请致电023-68706683

序 女人 20 岁时该懂的事

2006 年发表的《世界保健报告书》显示，韩国男性的平均寿命为 73 岁，女性则是 80 岁。也就是说，对于现在已经跨过 40 岁门槛儿的我来说，还有四十年可活。在过去的四十年里，可以说我是在边犯错，边成长。但是，对于今天正在规划下一个四十年的我来说，今后不管遇到什么情况，我都不会犯同样的错误或者临阵退缩。我坚信这剩下的四十年，一定是珍贵而有意义的四十年。我也同样坚信，我那在别人眼里看似华丽的前半生中包含的无数经验以及痛苦和幸福的经历，对离 40 岁还远的年轻后辈一定会有所帮助。

二十年前，也就是我 20 岁的时候，我毅然放弃了从初中到高中努力学习了整整六年的声乐课程，而选择了一个新的专业。我为自己的这一决定付出了"惨重"代价——我复读了三年才考上了淑明女子大学的政治外交专业，为此，我看尽了别人的脸色。从声乐到政治外交学，从政治外交学再到科学技术政策学，我平均六年换一个专业。这样频繁地换专业，并非因为我对自己的未来有具体的规划或是决心——有的只是一种侥幸和期待的心理。我总认为"新的明天在等着我，我的未来一片光明"。就这样，在一次次的期待和失望中，我浑浑噩噩地送走了 20 岁，步入了 30

岁。然而，我的愿望——以为拿到博士学位就可以做一名教授或者研究员，也因韩国经济受 IMF（国际货币基金组织）的冲击而风雨飘摇，不幸夭折。于是，我又毅然抛弃了对博士学位的迷恋，开始投身到复杂的社会生活中。不知不觉，就走到了今天这种景况。

大四第一学期快要放假时，我的心里一片混乱：是钓个金龟婿，还是继续学习，憧憬更远大的未来？或是参加工作、融入社会？就在我心乱如麻之时，我迎来了平生的第一次约会。那次约会的对象是一个已经准备到国外攻读经济学博士学位的男人。正是通过他，我才知道原来还有"留学"这样一条不同寻常的"路"。然后，到了要举行毕业典礼的时候，我的手里已经有了一张美国某个研究生院的入学通知书。我欢快地踏上了飞往美国的旅程——这是我平生第一次离开父母。之后，我在美国一待就是九年。九年之后，当我为自己的美国生活画上句号重返韩国时，我已经 34 岁了。在韩国，一个女人 34 岁才开始自己的职业生涯，已经算是很晚了。我突然间感觉到了生活的重担。

从那以后一直到现在的八年时间里，我像走马灯似的换了好多家公司。由于每次与老朋友见面时我都要递给他们一张新的名片，我因此被他们嘲笑："我们裴理事的'理事'应该是 Moving，而不是 Director。"

事实的确如此，我不记得自己在哪家公司待过一年以上。在这八年的时间里，我为大公司效过力，也被拖欠员工工资的公司拖过后腿儿，还在运营不到两年就关了门的投资公司混过。在掀起网络热潮的 21 世纪的第一个五年里，我还一度成为一家企业的代表理事。现在，从猎头顾问的角度来回顾我的这段经历，它不仅不能被称之为成功，而且还可算是典型的失败。

如果，如果当时有人能给我一点儿指导的话，哪怕是一点儿……

有时我会想，在我的复读期间、上大学期间、留学美国期间、从美国回来时、在向第一家"收留"我的公司递上辞呈时、跳槽时、跳槽成功刚刚戴上新公司职员的胸牌时……如果当时有人能告诉我一些有预见性的、稍微有点哲理的金玉良言，我的生活也许就不会这么"善变"了。对于一名猎头顾问喜爱的"猎物"来说，不管进入什么环境，都要全力以赴。但是，如果预先对遥远的未来有所设计和规划，行动起来应该就会事半功倍。

过去的已经过去了，我并不为此感到后悔，当然，会有一定的遗憾。不过，假如生命重来一次的话，我相信我还会做出同样的选择，因为这才是我。而且我也深信，以往四十年所犯下的种种错误，一定能赋予我忍耐、热情及规划未来的智慧，我未来的四十年一定会生活得更幸福。

如果过去几十年我并不是那么"善变"，我不一定会如此果断地，就像又踩了一次急刹车一样选择猎头顾问这一行。我知道有比高学历和丰富的经验更重要的东西。对于帮助那些彷徨的人们做出正确选择，我有着满腔的热情。我希望更多的女性能够具有"长江后浪推前浪，一浪更比一浪强"的决心和意志，所以，我想和大家一起分享作为一名猎头顾问所掌握的所有人生经验。

KOREA BRAIN 的代表赵命九先生赋予我开启全新人生的机会，

并给予我许多帮助和鼓励，在这里我向他表示最诚挚的感谢；还有各位同事、BOOK 的房美姬组长以及对本书的出版有过帮助的所有人，在这里一并表示真心的感谢。

裴相美

目 录
CONTENTS

Improving Your Value in Twenties

20 几 岁，决 定 女 人 的 职 场 身 价

第一部分
30 岁的成功取决于 20 岁的战略

什么样的女人才是真正有能力的女人呢？年薪高的？有地位的？还是有机会受邀参加访谈节目能够上电视或者广播的女人？那么，你最想要什么呢？金钱、地位、名誉，还是幸福？

我不想被别人认为只是一个供人观赏的花瓶，我想成为公司里一名才华横溢的女人，还希望拥有能够偶尔在西餐厅品酒、吃点儿西式烤肉的休闲时间，我还期望自己的钱包随时都能满足我出国游玩的愿望。当然，除此之外，我还希望自己能够拥有魔鬼身材和能使男人们神魂颠倒的魅力——要想实现这些"欲望"，首先要做的就是将"我的价值"最大化。

人生的成败不在于现在，而是要看将来。为了让自己在决战中占据优势，从现在开始，就要脚踏实地、一步一个脚印地向成功迈进。如果没有明确的目标，即使再努力也是枉然。对于那些连自己参赛的跑道都不清楚就盲目出发的二十几岁的女孩子来说，首先要做的不是激发她们的欲望，而是要让她们搞清楚自己"现在的位置"，即使现在处于一个好位置也并不代表它会给你一辈子的保障——这就是我想告诉年轻公主们的。

本书讲述的是一位渴望成功的职业女性——和众多成功人士打过交道的猎头顾问是如何把自己的各种经历变成宝贵的"肥料"，培育自己"花坛里的鲜花"永远"盛开"的故事。

能干的女人最有魅力

即使只有一次机会，也要疯狂地追逐目标！
只要还有一口气，就不要停下你的脚步！
只有这样，你才能成功！

最近，通过大众传媒我们听说了很多活跃在各个领域的优秀职业女性。例如，惠普前总裁卡莉·菲奥莉娜、奥普拉·温弗瑞、法国历史上第一位作为女性挑战总统位子的塞戈莱娜·罗亚尔等，她们当中既有成为全世界关注焦点的女性，也有在韩国国内的某家企业或某个行业里发挥重要作用的职业女性。

那么，以上各位业界精英到底拥有怎样出众的能力呢？当然，对于能力的评价，"一千个人眼中就有一千个哈姆雷特"。但不管怎么说，"能力"和"女人"都是我喜欢的词语。虽然我没有奥普拉·温弗利那样名扬海外的名声，但我想至少成为一名心爱的人眼中有能力的女人。

回顾我的留学生涯，在那期间，最让我头疼的就是想办法弄到房租和生活费。一次，不知是谁建议说"卖纸怎么样"。以前我一直在求学，很少做小生意，更没有卖过东西，但是当时管不了那么多了，于是决定试试。之后每到周末，我都要装满整整一车厢的纸（车厢被压得都快要挨着地皮了），去宾夕法尼亚州的一个小村庄里举行的计算机博览会现场销售。

现在回想起来，在以后的日子里我可能很难再找到那样幸福的时光了。平时我以经理的身份在一家普通公司上班，到了星期五晚上，我就开始给每一包纸贴上标有价格的标签。然后第二天凌晨 3 点钟就起床，开车四五个小时赶到那个在小村庄里举行的博览会现场。每次在路上，我都能看到难得一见的日出奇景，在朝阳初现的光辉下，美丽的田园成了一幅意境幽远的画作。看着如此美景，我不禁感慨：感谢我还活着。

最初的两三个月，在努力记忆那几十种不同的纸张和计算机配件的价格中不知不觉过去了。因为我一开始总是低着头，别人给多少钱我就收多少钱，所以没过多久，顾客们都叫我"从东方飞来的 Beautiful Young Girl"。

其他卖家都是用卡车把东西拉来，然后用大型手推车把货物运到目的地，而我则只能用一只旅行包不厌其烦、不知疲倦地运送那些沉重的纸包。我是一个亚洲女孩儿，而且还是当时整个博览会里唯一的韩国人。我的自尊心使我不想得到任何人的同情，韩国人固有的自强让我从没显露过一次吃力的表情，我要让所有人都记住我是最性感、最漂亮的韩国女孩。

一天，博览会的一名组织者（同时也是一名经理人）看见我挪着脚步却上不了台阶，走过来对我说"我来帮你"。我把旅行包给了他，心里却想对他说"并没有那么轻松"。把脸憋得通红才帮我把包裹抬上去的那位经理人，以后便开始称我为"Strong and Beautiful Korea Girl"。在这句称赞里，我最喜欢的不是 beautiful 而是 strong。因为我那时就不想被任何人的思想所左右，我想自主、自强地生活。

纸张供应商的手下除了我这个"二道贩子"外，还有好几个营销团队，但是六个月后，我的业绩却是最好的。我并没有把博览会当做只是供自己赚取生活费的地方。在博览会里，我可以感受到我一直想了解的美国文化、美国人的价值取向等。而且，从博览会现场的观众身上，我还学到了不仅是做买卖而且是正确经营事业的方法。

一开始我卖的是用来制作卡片、名片或者用作相纸的特种纸，为了吸引女性顾客，我特意把主办方配给我的两张破旧的桌子用各种纸张的样品打扮了一番。与还在使用摆地摊让顾客乱挑的落后方法进行销售的其他卖家不同，我把属于自己的经营空间装饰得别具匠心，以此吸引顾客的眼球。从上午9点到下午4点，整整七个小时，我没有因为没有顾客而坐下来休息或是与旁边的同行闲聊。我想让来参观博览会的所有人都记住，博览会里有一个勤劳、诚实、美丽的韩国女孩。没想到，那时的自信心和成就感竟然成了我日后生活自强不息的源泉。

只有了解自己的潜力，并知道如何把这一潜力唤醒，知道如何驾驭这种能力，我们才能成为名副其实的女强人。"女强人"是每时每刻都细心谨慎的女性才能得到的称赞，要想获得这一评价，必须同时拥有自信和能力这两个要素。

不断积累才能高飞

一生下来成功之路就已经被铺好的人总是极少数。有的人一出生就有双亲陪伴在身旁，过着无忧无虑的生活，但却因为父亲的事业破产而突然陷入彷徨的深渊；还有的人虽然出生在穷乡僻壤，注定从小就没有机会接受文化的熏陶，但在这些初中、高中毕业后就进入社会闯荡的人当中，有的也成了受人尊敬的成功人士。

一只脚刚刚迈进社会大门的小女孩当然是一副青涩、稚嫩的模样。如果想让自己在十年、二十年后过上有地位、有品位的生活，那么现在就要思考怎样面对现实、如何改善现状。

从普通员工，到代理、科长、次长再到主管，因为级别不同，他们所处理的任务的重要性也不同。现在，请想象一下自己有朝一日当上主管的情景吧。

而作为主管的我，在工作中总是很积极，同事们都很尊敬我，我对部下的工作也很关心。对于交代给我的工作，我都会精益求精、出色地完成；即使是刚刚进入公司的新职员，我也会用心记住他们的名字，还不忘激励他们；我以左右逢源的好人缘闻名，即使是其他部门的同事，我也跟他们打成一片；听说，不管是男职员还是女职员，都喜欢跟我一起工作。

现在的我之所以如此成功，完全是过去的经验和时间共同打造的结果。为了克服生活中的种种困难和不幸，为了积累能够经得起时间考验的经验和技术，我坚持不懈地努力着。

从一名小跟班儿成长为经理的 S

刚进入公司时，S 干的都是一些类似端茶倒水、收信送报的杂活儿。有时候，她一整天都在负责接电话、接待来往客人等工作。某一天，S 突然意识到成就并不是那么容易取得的。从此，S 便一改以前懒散的工作态度，随之她的工作就开始发生了变化。S 开始意识到，她说的话代表的就是公司，所以开始练习让自己的话语尽可能清晰明了、正确无误。即使没人吩咐，她也会把公司的每一个角落都打扫得干干净净，因为在她看来，公司必须要保持整洁。此外，她开始主动尝试着问别人是否需要帮助。

无论什么时候，无论是谁，踏进公司大门首先映入眼帘的就是她那明朗的笑容。大家喝咖啡时仿佛可以闻到 S 手上淡淡的清香。于是，有人开始拜托 S 做一些她可以胜任的工作，而每次 S 都全力以赴，尽职尽责。S 的真诚逐渐取得了大家的信任，她的能力也逐渐得到大家的认可。最后，S 赢得了老板的信赖，获得了为出任经理而接受培训的机会。

归根到底，拓宽事业领域，提高地位，都应该由我们自己来解决。

即使只有一次机会，也要疯狂地追逐目标！只要还有一口气，就不要停下你的脚步！只有这样，你才能成功！年轻时的种种经历，能使我们在日后的生活中绝不向困难低头。

职场价值取决于自己

试想一下，如果有类似《白雪公主和七个小矮人》中的魔镜一样可以测定人的"价值"的机器……只需把脸放在它面前，这个魔镜就会把有关你身价的计算结果统统告诉你。再进一步假设，如果每一家公司的大厅都配置这样一个魔镜，或者以这个为基准来考核应聘人员，会发生什么事呢？当然，世界上并不存在测定人价值的机器——人的价值由机器之类的东西来"道破"，这本身就是荒唐的。然而，目前世界上只是没有这种机器而已，衡量人价值的方法却早已存在。

看着那些血气方刚、自命不凡的青年人东奔西走，我认为给予他们一定程度的鼓励是非常有必要的。笔者认为，如果你觉得自己现在的收入水平与自身的能力"不符"，那么，你就应该持续不断地寻找获得更多收入的方法。

无论是谁，都多多少少会有消极情绪。然而，非常遗憾的是，这个急剧变化的社会和竞争激烈的现实环境不允许我们太消极。不管是谁，不管是在什么公司，如果干等着别人帮忙，好机会是不会光顾你的。

在这世态炎凉的社会，人们只想付出自己的一小部分。我们在把自己当做一件商品送入社会时，一定要问问自己：

我这件商品值多少钱？

我是谁？

我到底想要得到什么？

我在追求什么？

我具备什么技术，这门技术可以为我所在的公司带来什么帮助？

这段时间我为公司创造了什么业绩，或者带来了什么结果？

如果我是一家公司的老板，对于像我这样的职员，我对她／他的价值如何评价？

在过去，社会上鲜有用来评价个人价值的标准。虽然以前很多部门在起用新人时都以学历或者学习成绩为标准，然而看最近的新闻报道，我发现与学历或者学习成绩相比，个人的价值取向、性格特征、价值观、人际关系等一些有关人性的东西显得更加重要了。

我们刚刚进入一家公司时，最先显露的就是我们的精神面貌。把一个人的价值或者潜力激发出来，需要一定时间。对于这个问题，我们有必要回味一下公司里老员工们的经验之谈：能忍三天的话就能坚持三个月，能坚持三个月的话就能坚持三年。我们也可以反过来思考：上了三天班儿觉得不错，那么这家公司就值得花三个月时间来验证其价值；如果上了三个月班儿觉得不错，那么这家公司就最少值得我们为其奉献三年，甚至可以让我们实现自我价值。

如果一个人三年时间里一直都在不断努力，那么他（她）成功提高自我价值的几率就会很高。

自我激励，改变命运的 A

A 并非出自名校，而且所学的专业还是非热门专业——社科类专业，所以找到与她专业对口的工作也很难。她的第一个东家在第一年里让她负责的事情都是整理、安排主管的日程表，完全就是一个秘书的角色。然而，她并没有怨天尤人、不思进取。相反，她积极地发挥自己的每一分力量，而且每天晚上都找有关会计学的讲义来听。渐渐地，她的能力范围得到了拓展。后来就顺理成章地被调到了财务部。在调到财务部的三年时间里，她始终孜孜不倦地埋头于会计业务。后来，她为自己确立了进入外企当会计专家的目标，于是又开始利用一切闲暇时间学习英语。

虽然她的本专业是经营学而非会计学，但是经过三年持之以恒的学习，她的会计能力和英语实力已经完全达到成为猎头顾问注意对象的水平了。在 A 看来，自己在第一年里担当秘书一职，所做的工作也属于经营层——正是这种认识，对她以后的人生帮助很大。如果 A 当时为了学习会计和英语而辞掉秘书工作跳槽到其他公司，可以肯定的是，她现在肯定不会拥有如此传奇的经历。

与好的开始一样重要的是耐心。如果说，要不要从事某种职业或进不进某家公司让你苦恼不已，犹豫了很长时间，这至少说明，这种职业或是这家公司值得你为之投入一定的青春。

男人和企业都不会选"风流女"

至于能不能找到值得为之工作三年而不是三天的公司，那就要看个人的能力了。如果抱着"饥不择食"的想法和不管怎么说先找到一家"收容所"再说的心态，是很难找到一家值得工作三年的公司的。因为具有"饥不择食"思想的求职者不具备那样的眼光。

如果我是一个为寻求"自己喜欢什么工作，分配给自己什么业务或是项目时自己最有自信、最能感到满足，对于我来说最理想的职业是什么，最喜欢与什么样的人一起工作"等问题的答案而深深苦恼，同时也懂得为自己设计十年以后生活的人，我肯定会比别人更容易找到值得工作三年或者更长时间的工作。

刚从美国回国时，我只是一个没有任何工作经验，空有高学历的 34 岁女人。当时的我甚至连"代理和科长哪个职位高"都不知道，每天就是上网看招聘信息，只要看见"英语熟练者"的字样就把自己的求职信发过去。假使我当时认真做一下市场调查，对业界、工种认真做一下分析，肯定不会像后来那样工作不到两年就轻率地递交辞呈。此后，正是因为我跳槽太过频繁，失

去了被猎头顾问关注的资格。

在猎头顾问看来，频繁更换工作者属于应该好好自我检讨的那一类。许多公司都明确对"三天两头换地方的人"say no！而且，第二次跳槽比第一次跳槽产生的影响还要恶劣。因为第一次跳槽还可以拿"因为是第一次嘛，谁都可能做错"做挡箭牌，但是第二次就不同了。

跳槽过于频繁，人就会变得不自信而且多疑。第一，轻飘飘地进，轻飘飘地出，会给人一种意气用事、容易冲动的感觉。因此，这种人很容易被认为"即使来了这里，说不定哪天也会走人"。第二，这种人很容易在公司出现经营困难的时候拍拍屁股走人。于是，站在公司的立场，公司就会产生雇用"来自半死不活公司的员工"还不如雇用"来自稳健运行的公司的员工"的偏见。第三，经常跳槽者还会被认为要么是因为人际关系不好，要么会被怀疑为能力不足而得不到前几家公司的认可才频繁跳槽的。

既然大部分公司和猎头顾问都不青睐频繁跳槽的人，那么员工在准备重新选择公司、辞职之前非常有必要再次慎重考虑：是否找到了此次跳槽能够给自己带来一个光明前途的充分理由。即使是有能力的女强人——也就是被猎头顾问赏识的女性，在充分消化自己的业务后，还应该凭借女性特有的细腻来建立并维系起一张有效的人脉关系网，此外，还需要制定一个五至十年的计划，这样才称得上是一位能够主导自己人生的女性。

率性而活，做一个聪明、爱自己的女孩，生活赐予我们的机会就会很多。其实，人的一生中，留给我们播种、开花、结果、回味的时间并不多。

不知道真正适合自己的工作是什么的 B

B，29 岁，毕业于在世界上颇有名气的国外高校，所学的专业是经营学。回国后，在还没搞明白自己到底想做什么的情况下，她就敲响了人力市场的大门。头两个月她优先寻找的是可以发挥自己英语实力的公司。然而，摆在她面前的残酷现实是，既与她的专业对口又可以把英语派上用场的公司并没有想象中多。

所以，她选择的第一个"落脚点"是一家留学机构，在那里做为留学生服务的工作。此后，每过一年或是不到一年时间就换一个"东家"，但总是辗转于留学机构和英语培训机构之间。但是若想长期就职于留学机构或者英语培训机构，需要确认自己是否适合从事教育工作或者服务工作。但是，她这三年来换了三次工作，一直跟着并不适合自己的"英语"走。现在，想涉猎企划或者市场营销的她，又开始准备敲响别的公司的大门了。

🦋 跟异性愉快相处也是一种能力

不管男性也好，女性也罢，相互间建立良好的人际关系，学习他人的优点以提高自己的能力，是对梦想成功者的基本要求。不管是在职场生活中，还是在一般的社交活动中，自己给自己贴上"因为我是女人"或者"因为我是男人"的标签而选择与人接近的方式，无疑是自己在束缚自己的手脚。

现实生活中，男人间的竞争要比女人间的竞争更加激烈。但公主们大可放心的是，即使像男人一样行动、做事，女人也不会变成男人。另一方面，如果说一个男人因为被无视而"一哭二闹三上吊"，问题肯定仍然得不到解决，他还是会继续被无视。与这些行为方式比起来，我们需要的是"学会理解、包容他人，通过节制树立自己形象的智慧"。

在学生时期，我曾得到一个非同寻常的机会。当时从事韩美间科学技术政策研究的人士要举行一次聚会，而我竟然也成了受邀者之一。那是一次作为一名学生很难参加的聚会，能够见到很多在韩国和美国政府机关或是研究所工作的满腹经纶的"大人物"。我觉得这也许是一个可以让我结识新朋友的好机会，所以在试了几套衣服、把头发打理了无数遍后参加了聚会。

进餐期间我一直开心地笑着，努力地倾听，不放过任何一个有用的信息。

但是，坐在我旁边的人总和我搭话。

"你是学生？"

"什么专业？"

"什么时候来的美国？"

"一个人在美国生活不害怕吗？有男朋友吗？"

这个人自始至终对我说的话都没用敬语（韩语的一种表达方式，初次见面一定要说敬语，不然就是无礼——译者注）。对此，虽然我打心底里想选择回避，但是想到说不定他能给留学生（我）介绍一个实习的机会，我就只好诚实作答了。

"对，我是学生，我的专业是科学技术政策学。正在准备论文。至于男朋友嘛，我没有时间交男朋友。再说，到目前为止，我还没遇到一个顺眼的。"

接下来，我们对话的方向就有点儿不遵从常理了。

"来我们家玩儿吧！正好我妻子回国了。"

我被对方这句突如其来的话彻底惊呆了，对方匪夷所思的想法让我彻底崩溃，立即回了一句：

"师母回来后，我一定欣然前往。"

他可能从我的话语里感觉到了我的抵触情绪，接下来又说出这么一段话：

"嗯？嗯。你来美国学习是为了什么？父母不催你结婚吗？现在韩国的经济状况那么差，男人们要想找一份儿不错的工作都很难了，你以为女人多学点儿东西就能找到工作？别白费功夫、白白浪费青春了，还是早点找个男人嫁了得了。"

如果换成是现在，我肯定会狠狠地给他一拳。但那可是我有生以来第一次遇到那种状况，当时我一句话也说不出来，只记得回去的路上一直在哭。莫非职场中的男人都是这种畜生？这我能对付得了吗？既不会吵架，也不会耍嘴皮子的我真能忍受这种人吗？我一直哭到眼睛都看不清楚面前的路了才忽然醒悟：刚才的想法真傻——畏惧和哭泣能解决什么问题？

后来，我再也没有为歧视女性和性骚扰而落过泪、伤过心。不管是女人还是男人，只要有能力并且诚实，我就愿意与之交往，只是有一种人我无法容忍，那就是持有"因为你是女的"这种偏见而瞧不起女性的人——我和这种人气味不相投，打心底里就不想接近他们。

以前把我当女人看待的上司，现在没有一个还高高在上的。一谈论下属间的关系就往男女关系那儿扯的上司怎么可能得到别人的尊敬呢？刚刚步入社会时，我这种"女孩子也行"的心理使我经常处在与人"交战"的边缘。所以，最近碰见我以前的上司时，他们总开玩笑说：

"你的性格沉稳了许多。以前的你总是像一只长着三角眼、浑身长满刺的刺猬，现在变圆滑了。"

以前我还曾经很激动地臭骂那些开异性玩笑的人。不管是上司还是同事，无论是在私底下还是在公开场合，只要在男女问题方面犯有错误，我就会毫不留情地把他从自己的关心对象中删掉。当然，每失去一个，我会接着努力寻找两三个值得我交往的人。

现在想起那时的种种，我竟然还为当时没把事情处理得更加成熟、稳重而感到有点儿遗憾。因为当时大部分的问题都是在酒桌上产生的，所以在我的内心经常会有"忍还是不忍"的思想斗争；如果伤我自尊心的是有业务往来的人，那么我在忍受自尊心受伤害的同时会告诉自己"以后坚决不再和这种人来往了"。但是，如果让我现在处理当时发生的那种情况，我想我应该会本着息事宁人的方式、圆滑地把关系继续维系下去。

对于任何一名女性来说，与异性同事或者异性上司相处的技巧都是她们必修的一门功课。

说心里话，我是喜欢酒席的。尤其是和同事们一起喝酒，只要让我碰上，我就一定会参加。在酒席上，你可以了解到工作场合无法获得的信息。首先，可以听到其他部门的小道消息；其次，还可以在这种私下场合听到工龄很长的前辈们的经验之谈；再者，这也是一个可以让我在同事面前大展才华的绝佳场合。

若想了解自己的同事，就要了解他们的生活。在酒桌上，你会听到，有的人在倾吐作为一家之主的苦衷，有的在诉说同上司或者同事的矛盾，还有的在抱怨做接待工作的烦恼……这样的苦水多得让他们通宵达旦说上几天几夜也说不完。与他们相处的时间长了，出席这种场合的次数多了，我便逐渐习得了一身经验和技术——懂得什么时候不要把自己当做一个女的，什么时候应该让自己像姐姐，什么时候又要像宽厚的母亲，什么时候是我可以发挥才能的大好时机。

不要吝啬和同事在一起的时间。花在他们身上的时间一定要比花在家庭成员身上的时间多。没有同事参与的社会生活是不可想象的。所以，不要把他们当做敌人而应把他们变为友军。

社会生活始于人而终于人，是一个连续循环的过程。性格相异的陌生人之间要想相互熟悉，需要一段时间。那么，在这段时间里，若想让别人相信自己，我们应该付出多少努力呢——问问自己这个问题。这是想要在社会生活中游刃有余的第一步。

被猎头公司关注的六个条件

1.让左手知道右手要干的事情

如果部下连半年一次的报告书都不会做，而且带来的是与你所期望的完全相反的结果，我想，没有一位上司会不郁闷。这时，上级肯定会要求属下重新做一份完整的报告书，这无疑降低了工作效率，还给上司造成了负担。我想，没有一个上司会喜欢和这样的部下一起工作。

我的目标是，尽可能在最短的时间内习得最多的知识和经验，让自己上一个台阶。然而，你若想独揽所有工作，独自邀赏，如果你对上司的意思不闻不问，事后不声不响地把你的成果呈现于你的上司面前，你的上司肯定不会高兴。虽然自身不努力而总是发问是工作中的禁忌，但是，对于在工作中出现的问题，征求上司和同事的意见从而产生更好的结果，却也是每一个职员应该做的。

目标只有一个。上司交给我们的工作，我们当然要尽量做到让上司满意的程度。为此，我们有必要让上司知晓我们正在做的事。在工作中，从同事那里得到的建议和协作就是对努力工作之人的回报。

2.主动请缨

再没有比认识自己更重要的事情了。自己在哪方面做得最好？什么是自己的弱项？自己从事什么工作可以比别人更快掌握相关知识，干起活来更有信心？对于这些问题，我们一定要尽早搞清楚。

A不仅打字速度快，写作能力也很出众。相同的工作，别人需要五个小时才能完成，而她只需要三小时就可以了。然而有一天，人们看见她把已经打完的稿子又重新打了一遍，于是问她为什么要这么做，她回答说："我可不想因为自己干得太快而让别人误以为我想多干活，从而给我安排更多的工作。"

而今，如果因为没有人认可或者否认你的能力而失去进取心，这无异于自杀。比别人做事更快，这样就可以获得更多业务，你的能力就会提高。此外，我们还需要一种积极性——做完自己的分内之事后，不妨对上司说："我写报告写得不错，有什么我可以帮上忙的地方吗？"千万不要忘了，上司的眼睛不止两只，而是三只甚至四只。除一双眼睛外，他们还有感知他人心灵的洞察力，通过他们的本能来了解你有没有过人之处。

3.一言抵万金

负责不同工作的职员，比如负责销售的、开发市场的、人事的、产品开发的，都有其固有的岗位特点。如果产品开发人员或设计师展开了一个项目，却没有把他们一贯的专注精神坚持到最后，那么，他们肯定完成不了他们的工作。

当我们连夜把程序编辑完成或是修改完网站主页时，此时最能让我们感到欣慰的就是同事们的一句简单问候"辛苦了，受累了！"慈爱和关怀本来就是女性的强项，古人说"家书抵万金"，有时候一言可以抵万金。"真了不起！累了吧？"这样简单的一句话就可以把人收服得服服帖帖。

4.结交比自己优秀的人士

一般认为，女性在构建人脉关系方面比男性更成功，因为女性更喜欢聊天嘛！然而事实是，男性管理起人脉来比女性更有效率。

跳槽时，女性更多的是依靠招聘广告，而男性则更多的是利用熟人，这无疑比前者更靠谱。女性可以与和自己能力相仿或是不及自己的人交往得很好，而男性则倾向于结交比自己优秀的人士。虽然把自己视为掌上明珠的家人和朋友无比重要，但为了提高自己在社会生活中的竞争力，对于值得我们学习和尊重的人，我们也应该与其建立关系，并保持下去。

5.谱写十年后的履历表

这是一个"履历管理"已经开始被人们普遍接受的时代。对于男人来说，他们自小就被灌输进赡养老人的意识。肩负如此沉重的责任，男人们的目标只有一个，那就是成功，所以他们不得不非常认真地"管理好"自己的履历。相反，女人的生活则充满了许多变数。虽然现在单身贵族越来越多，但终究逃脱不了结婚、生育等不可避免的事情。不妨想象自己五年、十年、十五年后的模样，想象自己那时在社会上会处于怎样的地位，学会游刃有余地应对突如其来的变数。

不知道你有没有以时速 150km 的速度开过车？驾驶的时候，如果眼睛望着远方，那么就会感觉很稳，但如果两眼只盯着近距离的东西，只看着眼前的事物，那你所行驶的路线就会呈"之"字形。

6.不要吝啬为自己投资

知识就是力量。当你全身心投入到自己的业务中时，你就会发现自己无非就是一部机器里维持机器正常运转的一个零件。作为一个经营管理者，需要认真学会经营公司时所需要的一切知识。财务、人事、营销、生产、计划等，为了坐上最高职位，这些都是必须要掌握的。

也许你会说，目前要做的事情已经够让我头痛了，哪能再做其他的事呢？事情还没有开始就打退堂鼓，这是懦夫的表现。一个月读两本书、一个月参加一次研讨会、定期访问专业书籍网站、及时掌握最新信息等，养成各种自我启发的习惯，足以让你在五年之后，以焕然一新的面貌面对人生。

第一份工作决定之后的 20 年

想象自己未来的模样，五年后、十年后，不，就算是一年后也可以。

然后在目前的公司中，寻找自己想要投资的人生目标。

以"我的未来"为主语，认真工作吧。

初次踏入社会后找到的第一份工作，对于我们来说是非常重要的。它是描绘我们人生蓝图的基础，也可以说是我们踏入社会的第一步。它在人际关系的形成、自我能力的发掘、人生目标的设定等方面起着重要的基础作用。但在现实生活中，很多时候都是职业选择我，而不是我选择职业。

能够按照自己的意愿选择职业的人有多少呢？不管怎样，我们都要竭尽全力找出真正属于我们自己的"容身之地"。

以我当时的条件，被猎头顾问盯上是不可能的事情，但我至少能有这么一段初涉社会的回忆。因为频繁地更换工作，我在每个公司工作的时间都不长。但从每个工作中得到的经验教训以及上司的指点，都让我受益匪浅，也成为我日后生活和工作的指南。

我原以为有了博士学位就能拥有一个自己想要的人生——安定、富足、自由自在的人生。但是在 1997 年，当我满怀希望准备博士论文时，韩国突然遭遇了外汇危机，韩元对美元的汇率几乎达到了 2000 韩元兑换 1 美元。我的父母告诉我不能再给我寄生活费，最后一次给我寄了3000美元后，他们告诉我，要么用这些钱买机票回家，要么把3000美元作为生活费，继续留在美国。

怎么办呢？要回韩国吗？留在这里，我又要怎样生活下去呢？等我清醒过来后才发现，其实我只不过是一个连买汉堡的钱都没有能力挣到、软弱无助而又贫穷的留学生。父母为了支付我的留学费用付出了很多，如果我连个学位也没有拿到就回到韩国，不仅会辜负父母，我自己都觉得丢脸。再说，我更希望能继续留在美国，享受自由自在的生活。但是我已经32岁了，没有任何工作经验，我能做什么事情呢？我不想回韩国，但如果想继续留在美国，我就必须挣到钱，这一点是肯定的。

"对，我可以做任何事情。"

至今我还能清楚地记得，翻阅侨胞报纸的时候，发现的那一条招聘信息："全职，欢迎留学生！"我很晚才去了这个叫做UCM的小公司，当时有很多人在不停地忙碌着。虽然了解得不多，但看起来像是因为订购量超出了他们的预期，所以才忙得不可开交。

"我想工作，我想来这里工作。"

我当时真想跪在詹姆斯老板面前，求他让我在这里工作。

"杰姬，你能为这个公司做什么？"

"老板，我现在已经不小了。因为学历高，说不定您还会把我看成是一个傲慢的人。但是我拥有的学历并不能说明我就一定比别人优秀，或者能做好从没做过的事情，学历只不过是我想拓展人生道路的一个砝码。我是一个很谦虚的人，我有足够的信心坦诚面对所有的事情。哪怕是打印文件也好，做一些泡咖啡的杂活也罢，只要让我在这里工作，我愿意为此全力以赴。"

让我充满自信的只有我的体力和人品，以及因长期的学校生活而积累的娴熟的文件整理和调查能力。所以能做某件相关工作，我感到非常开心和满足。

现在回想起来，当时的我真是滑稽。他们让我帮助经理处理业务，所以我就坐在会计旁边认真地敲打计算器，但没过半天，他们就跟我说这里的工作已经处理得差不多了，叫我去做别的事情。那些日子，每天都要看着别人的眼色做事情，这让我心里很不舒服，最后还是忍不住去找詹姆斯先生：

"老板，我想工作。请交给我一些任务吧。"

詹姆斯老板对注视我半天的秘书杰米说："让她接手宣传业务吧。"听完老板的话，杰米非常高兴地把大量的宣传册和资料放到了我的办公桌上。这件差事是会引起员工不满的工作，工作量巨大，所以她才很高兴地把它们交给我做。

宣传团队需要参加在美国各州举行的所有展览会，我的主要任务就是为宣传团队安排日程，预订酒店和航班，准备参加展览会所需要的电器、展位、家具、申请书等。在展览上所需要的所有物品要在展览会开始之前运到美国的各大州，这件事看起来很简单，其实比想象的要复杂得多，而且需要注意的细节和问题也很多。杰米把所有的事情都用便条贴来处理，但我总觉得这样会降低效率。

"那么做是不合理的。展览业务又不是做了一两次就结束，有没有更有效的方法呢？我想把它作为资料保存下来……"

因此，我开始用电子表格保存各种信息。

刚开始我以实习生的身份进入公司，帮助经理整理业务，一个月后，接手了原本杰米负责的展览会策划的业务，两个月后以科长的身份负责公司参加的所有展览会的策划及交际任务。

到现在我还记得老板詹姆斯对我说过的话：

"杰姬，你的最大优点就是你能够很好地把握自己的优点和强项，而且很清楚自己该做什么，不该做什么。这一优点会在你未来的道路上给予你很大的帮助。"

其实，在詹姆斯的公司，我工作的时间不满一年。但是，从那里得到的工作经验却改变了我的人生观和价值观。甚至可以说，在那次工作经历中得到的几个经验教训，造就了现在的我。

🦋 第一份工作给你一双慧眼

每天除了睡觉、上下班以外，我们的 70% ~ 80%的时间都是和同事们一起度过的。如果是在学校，你可以选择和你喜欢的人在一起，跟他们一起做你喜欢的事情，但是踏上工作岗位，一切就由不得你了，或许你会遇上一个顽固不化的老板，或许你会和一个你很讨厌的同事共事。那么，理想中的同事或上司是什么类型呢？跟哪种性格或哪种气质的人一起工作，才是最幸福的事情呢？

不管是在大公司还是小公司，都存在着形形色色的人。领导公司的老板，销售部、包装部、宣传部、人事部、财务部等各个部门的人，不论是五名还是五千名，正是这些性格各异、不同领域里的人共同努力，才使得公司正常运转。

刚进入 UCM 的时候，我首先要做的事情是，尽快掌握每个部门所负责的事情，并向别人显露我存在的价值。我所学的专业不是经营学、会计学或计算机之类的对象十分明确的专业，所以光凭在学校学过的知识，是无法判断自己最适合在哪个部门工作，也不明确做什么事情才能充分挖掘我的潜力。

为了尽早在公司里站稳脚跟，我非常需要同事们的帮助。在我的眼里，UCM 里的职员大概分为四类。第一类，录用我的老板詹姆斯，向我传授秘诀，并帮助我挖掘潜力、为公司做出一份贡献的人；第二类，用友好包容的态度接纳我为同事，并帮助我尽快适应公司的人；第三类，对新人不感兴趣，只做好自己的事情，并准时上下班的人；最后一类，从一开始就提高警惕，预防别人威胁自己职位的人。

因为公司正处于发展的关键时期，其知名度和销售量都在不断上升，所以詹姆斯老板常常是早出晚归，来得比所有人都早，走得比所有人都晚，是一位非常勤奋的经营者。UCM 以小规模起步的项目，在展览会上受到了很多人的关注，各个城市的大小专卖店不断地预购产品，公司的订单量随之增加，所以公司才开始招聘新职员。老板拥有女性般的细心，时刻关注着每个职员的动态及业务，而且对职员很关照。当时，我连电子表格都不会使用，为了更进一步地做好数据管理，我每天都试

图做各种各样的事情，但从不敢向别人请求帮助。那时，詹姆斯老板对我说的一句话，为我指出了作为一个经营者应当具有的眼光和洞察力。

"把上次刚弄完的展览会管理文件拿来给我看一下。只要修改几处，我觉得就可以变成一个非常棒的数据化资料。"

我从来没有递交过报告书，他却知道我在做什么，因什么事情而烦恼。善于发掘职员的潜在能力，以便让他能为公司或所属部门做出更大的贡献，这种能力是一名出色的经营者必须具备的素质。

经过了一个月左右，我的紧张心情缓解了许多，开始和更多的职员接触。

作为一个经营者，只拥有热情还不够，还要使公司的员工也一样充满热情，并和他们齐头并进、并肩作战，这样才能有效地推动公司更上一层楼。

录用新职员虽是公司的决定，但有意识地帮助新职员尽快适应公司的人才则可称得上已具备了管理者的资质。据说，不论是国家还是企业，都是被领导者中 5% 的人所引领。那 5% 中，应该就有第二类人吧。UCM 里接听订购电话的客服中心经理，竭尽全力帮助新职员，直到他们完全熟悉业务为止。他的做法既得到了职员们的尊敬，也以领导者的风范，稳固了自己的地位。

第三类，凡事都不感兴趣的人，除了关心自己分内的工作，对其他事情一概不闻不问。业务的结束时间是 6 点，他们就会在 6 点准时下班，一分钟也不会耽搁。不是说遵守上下班时间不好，而是说，他们对属于自己的领域、地位或职场内的关系变化不问不闻。他们属于那种有多少工资就做多少工作的人。从经营者的角度来看，如果你的工作量和工资一致，那就没必要发奖金了。但是如果你不仅完成了自己的工作量，还逐渐地把自己的业务领域扩展开来，公司经营者就会提高你的待遇或给你提供相应的职位。

当时 UCM 公司的销售业务主要是通过在美国各地开办的展览会而展开的，所以公司参加展览会的营销员们都比较有势力。对于负责展览会工作的我来说，关注每个营销职员是理所当然的事情。但奇怪的是，不管我多么努力，销售部经理总是对我持警戒态度。他可算是第四类人吧。我不知道这个负责公司产品的销售量，并且深得老板信任的经理，为什么要这样对待我，我对此感到非常难过。有一天，我偶然听到他与女友的通话：

"我会在这个公司待多长时间啊？只要在工作期间，能够有机会潇潇洒洒地多去旅游就可以了。还有，上次去得克萨斯州的时候，我看好了一个项目，现在正跟那边的买主们进行接触呢。"

为了二十年后成为一名出色的职业女性，我应该成为哪类人来迎接新的一天呢？

想象自己未来的模样，五年后、十年后，不，就算是一年后也可以。然后在目前的公司中，寻找自己想要投资的人生目标。以"我的未来"为主语，认真工作吧。那么，不仅在业务上，就连与客户及同事建立关系，你也会变得很积极。

 第一份工作是你未来人生的基石

不管自己如何喜欢目前所在的公司和工作，不管多么卖命地工作，有时候总会产生一些与自己意愿无关的想法，想辞职或者想换一份工作的想法随时都会冒出来。我在第一家公司时，就遇到过这种情况。与詹姆斯老板一起工作，令我非常开心，但后来发生了一件让我不得不离开那家公司的事情。

当时我跟着詹姆斯老板跑遍了各个城市，从展览会的一个"芝麻官"逐渐把自己的业务领域扩展到流通销售，唯一的目标就是成交沃尔玛特殊包装的提案。只要达成这笔交易，公司的销售额就会从几十万美元增加至几百万美元。当时我认为只要公司发展迅速，我的人生就会变得前途无量。

但是有一天，早先说过不会参与经营管理的投资商，往我们公司派了一名职员。因为公司的销售量持续上升，投资方决定正式开始介入我们公司的经营管理。那位职员让我向他报告老板的一举一动。对于完全信任老板并不分白昼黑夜地为公司卖命的我来说，那位职员的要求让我无法理解，更无法接受。直到詹姆斯老板辞职，我才明白其实投资商就是想缩小詹姆斯老板的势力范围，然后再把他的儿子推上老板的座椅。

前面曾谈到，如果想成功运营一家公司，需要公司上上下下全体职员的共同努力。但在职员之间展开的势力争斗，会对公司的发展产生决定性的影响。这时，我才懂得，公司的财务结构或

投资者及股东之间的关系，会影响整个公司的发展。势力争斗不仅仅存在于政界，也存在于大大小小的组织里。虽然出发点可能都是为了公司的发展，但不同的势力就有不同的目的和手段。大部分的职员都留了下来，我则在詹姆斯老板辞职的同一天也递交了辞呈，尽管那是我非常喜欢的一份工作。

企业越小，接触与经营管理相关的事项的机会就越多。录用人才的标准、细化部门的过程、决定级别体系的标准等，都属于经营管理。一个小组织要发展成一个大组织，需要经过不同的阶段。要先从小企业发展为风险企业，再从风险企业发展为上市企业，最后发展为大企业。我喜欢以管理者而不是普通职员的角度看待公司的组织结构，因为我觉得这样很有趣。这也是我回到韩国后放弃大企业，选择一些小组织亲自参与经营管理的原因。

如果第一份工作进入的是对职员有着明确分工的公司，每个职员只需做好自己分内的工作即可，那么你的履历管理就很有可能倾向于强化手头任务的方向。但如果第一份工作是在小企业，那么当你离职的时候，你就可以以"组织管理"或者为了寻求更好的发展空间为理由，寻找另一家公司。

你想在哪种公司开始职业生涯的第一步呢？

Good! ···

不要抱着"只要给我工作就行"的态度

专攻国画的 D，因不能专心于艺术世界，而试图换一

个自己一点不感兴趣的网页设计工作。但她没有在专门院校学习培训过，只凭在业余时间里积累的那么点实力，想去大公司是不太现实的。于是，她在一家熟人开的、职员不到十名的风险企业，开始了自己的第一份工作。

经过几个月的工作，她所看到的是，履历不同的职员们之间的势力斗争和无节制的滥用经费，总之都是一些很荒唐的现象。没过几个月，她就成了势力斗争的牺牲品，被迫辞掉了工作。之后，D又进了职员不到二十名，刚开始起步的风险企业。她发现这家公司，和第一家公司在经营管理体系上相差无几。她感到非常失望，于是没过几个月又递交了辞呈。有了前两次失败的教训，她改变了"只要给我工作就行"的态度，决定在工作之前，先具体了解一下公司的特点、前景、面试者的态度、面试时公司的气氛等情况，然后再决定是否进入这家公司工作。比起职员之间的势力斗争，对她来说更为迫切的是尽快稳定自己的事业方向。

后来的数年的时间里，她不仅积累了大量的网页设计经验，还在第三家公司，以管理者的身份带领了一个属于自己的团队。于是，我们问她在目前的公司里得到的是什么。

"我最近才了解到管理者们到底在思考些什么。我最感谢的就是，在刚开始的几年里，尽管我的网页设计能力并不突出，但上司们还是耐心地在旁边关注着我。为了让他们感到满意，不会因当初选择了我而后悔，我赌上自己全部的自尊心，尽了我最大的努力。所以在贪婪疯狂地工作和学习期间，不知不觉中我已经坐上了可以率领十名职员的位置。最近，我每天都会花两个小时阅读管理方面的书籍，我希望能通过不断的学习而成为更棒的主管。"

人不能改变环境，那就适应环境吧。你现在所处的环境、所有的心境以及所做的事情，都是衡量你未来的重要尺度。为了到达更高、更广阔的地方，让我们努力向前冲吧。在那个地方，等待你的将是无数的机会和更大的价值。而且，随着时间的流逝，那些价值会像滚雪球一样变得越来越大。

第一份工作助你找到人生目标

我想成为什么样的人？我要以什么方式来塑造自己的未来？在我遇见的许多人中，我最希望自己成为哪个人？……

在你的职场生活中，会遇到无数的偶然和必然。

还记得在上大学的时候，经常有人问我："你想成为什么样的人？"那时我通常会回答说："我想成为一个不管扔什么样的石头，心底都不会起太大波澜，像湖水一样平静自如的人。"但是，经过了这么多风风雨雨后，我才意识到当时的想法是多么的抽象。其实，真正的梦想应该是比较现实的、具体的，而不是

一个模糊的想法。

我的第一份工作主要是在美国各个城市举办展览会，所以常常有机会去参观一些规模比较大的展览会。对于初涉职场的我来说，只有那些来参观我们展览的买家才重要，但老板詹姆斯看到的展览却是另一个世界——数千个大小企业拿出自己的商品，用独特的方式进行宣传。这些展位中，有买家们排队等候的展位，也有苍蝇飞来飞去、无人问津的展位。那些西装革履、风度翩翩的大型商场的采购负责人，为了寻找可以提高销售额的产品展开了"游击战术"，到处踩点。如果有人发现了一件不错的商品，他们就会用对讲机互相联系，马上聚在一起进行短暂的鉴定会，然后再下结论，这种场面也给我留下了深刻的印象。

有一次，我正在接待坐在我们展位上询问我们产品的顾客。坐在我旁边面无表情的詹姆斯老板，突然紧张兮兮地走向一位平凡的老人，像是遇见一位大买家一样，为他热情讲解我们的产品。后来我才知道，那位老人是宾夕法尼亚州一家历史悠久的巧克力商店的创始者，是一位创下数百万美元销售额的著名人物。我问詹姆斯老板，他是怎么认出那位大买家的，他说："从人的表情和行为举止中可以看出很多东西。这不仅要培养一双能判断一个人漂亮与否的眼睛，还要培养一双能洞察他人内心世界的慧眼。"

可以看出诚实而真诚的人、可以看出即将成功或已经成功的人、可以看出虚伪而又狡猾的人，我希望自己能有这样一双洞察人心的慧眼。冰冻三尺，非一日之寒，仅靠一至两年的努力是不可能实现的。虽然，名誉和财富都是我所梦想的，但"能够从事一种发现人才、培养人才的事业"才是我的目标。

有些人把第一份工作变成了自己一生的工作，但大部分人都会把第一份工作当做试金石。通过初次工作，学习与他人沟通并在工作中寻找更适合自己的工作。那么在第一家公司你要重视哪些对你有用的价值？很高的年薪？企业品牌？有能力的公司前辈？要收获的不仅是这些。在第一家公司里，你所需要集中观察的不仅仅是眼前的价值，更重要的是要弄清楚你想为之付出一生的职业是什么；为了应聘第二家公司，你需要积累哪些经验。如果你的梦想需要通过长期的努力才能实现，那这些就更加必要了。第一家公司是让你亲身体验并决定人生的各种"道具"的地方，你需要用心去感受它，亲身去实践它。

最后，我绕了一大圈成了猎头顾问，扮演为人与人之间的相遇穿线搭桥的角色。虽说梦想是创造出来的，但它会不会就沉睡在你内心深处的那个"真正的自我"的身上呢？

在第一家公司寻找未来的Y

今年才三十几岁的Y，她的年薪是 8000 万韩元，与一般企业高管们的工资不相上下。让我们回顾一下她这十年来的历程，是什么造就了她如今的价值。

毕业于中上等大学生物工程学的Y，刚开始进入社会的时候，选择的第一家公司是与她的专业毫不搭边儿的外企，做的是业务员的工作。在从事销售业务一年多的时间里，她一直把营业配额保持在20%以上的水平，并逐渐熟悉了外企独特的营业报告系统。她决心要掌握财务会计方面的知识，成为一名业务分析和策略专家，而不是亲自跑业务的业务员。

虽然在第一家公司跑业务的时间只有一年多，但她在二十几岁时就已经确定了自己想要的东西，找到了自己的目标。她把自己的目标定为外企的一名财务分析专家，并希望尽可能在国外积累经验。所以她不断地通过学习加强自己的弱项——英语和会计。关于会计、财务管理的短期课程，她一次也没落过。最终，不到五年的时间，她就被调到了香港的分公司，当上了财务管理体系的经理。

即使如此，她也没有放松与香港外企职员们的交流合作。她通过自己的努力，提高了自身价值，成为香港IT行业争相聘用的对象。没有留过学的她，之所以能在跨国公司的职员们心中树立较高的威信，是因为在过去的十年中她确立了自己的目标，并将理想付之于行动。她不断地学习，建立了广泛的人脉关系网，使自己的履历光鲜亮丽。

每个人都有适合自己的"碗"。在玻璃杯里装满热咖啡，会是什么结果？就算玻璃杯是著名品牌的产品，它还是会因为没有能力执行自己的任务，而付出惨重代价。人也是一样。只有在扮演适合自己能力的角色的情况下，才能真正体现出自身的价值，并获得人们的认可。"我的碗要用在什么地方，才能发挥它的最大价值呢?"常问自己这个问题，并向周围人咨询请教。

提高成功率的求职方法

几个月前的一天，我乘坐地铁的时候，旁边有个二十几岁的年轻人正在翻阅报纸，他一边翻报纸，一边唉声叹气。我忍不住偷眼看过去，发现他正在看招聘广告，有时候会在某个地方画上圆圈，但好像经过一番犹豫，又一边叹着气一边用橡皮擦掉那个圆圈。这种动作重复几次之后，他把报纸揉搓成一团扔到了隔板上。看到他这个样子，我不由得为眼下的就业问题深感忧虑。本来应该有更有效的求职方式，但现实蒙住了他的眼睛和心灵，这令我倍感心痛。

有一句话叫做"知彼知己，百战不殆"。就是说如果对敌我双方的情况都能透彻了解，打起仗来就可以立于不败之地。如果想经营成功的人生，不仅要对自己有深刻的了解，同时还要准确掌握关于挑战对象的相关信息。

早年受尽苦头的父母，为了能让我过上高雅舒适的生活，让我学习了音乐。先不说我有没有音乐天赋，最糟糕的是我有舞台恐惧症，因此我决然地放弃了学习了六年的音乐。后来想当外交官，所以开始学习政治外交学，但这对我来说也是一条异常艰难的道路；后来想当学者，于是又开始了博士课程，因为在第一份工作中找到了更具魅力的一条路，所以就毫不犹豫地放弃了学者之梦。我比别人多过了九年的学校生活，却不知道自己要做什么，等过了很长一段时间之后才发现自己真正想做的是什么，所以，我非常理解那些放弃工作了四年或十年的岗位，重新寻找新工作的求职者们。

我经常听人们说，想找一份能把自己的专业派上用场的工作。或者，放弃目前为止积累的经验，想用刚获得的会计资格证，重新开始积累。无论哪种，最重要的是，要尽早挖掘出自己的潜质，并找出自己最想做的事情，这才是找到真正适合自己的职业的捷径。

在体验初期的职场生活时，你要先思考一下：专攻工程学的我，有没有营销的潜质；专攻社会学的我，会不会在设计方面更出色等。在努力挖掘自己潜力的前提下，再想想如何找出最适合自己的职业吧。

要把所有信息都输入数据库

找工作，意味着最少也要在数十个，最多则要在数百个、数千个企业里推销自己，如果单凭记忆力，是很难提高工作效率的。现在整理好的信息，会成为你日后跳槽的重要数据资料。

有很多变量可以缩小自己所期望的企业范围，但其中最重要的有以下几点：

　　＊企业类型：大企业、上市公司、中小企业、风险企业、

外企、公共机关、国营企业等。

*产业领域：电子·电器、金融、建设、流通、消费品、IT·通讯、半导体、游戏·娱乐、咨询、网络等。

*行业类别：经营、策划、人事、财务、（国内外）销售、生产、技术、研究开发等。

看起来很简单，但要在诸多项选择中沿着一条线（例：大企业的关于电子类的海外销售部门）整理适合自己的企业目录时，你就会发现这并不是一件容易的事情。

相关领域的企业目录，可以在经济类报纸、网站资料或政府和研究所等地方发布的各种资料中找到。

如果想找一家可以发挥和提高自身价值的公司，你可以利用报纸、杂志、网络信息等所有大众媒体，找出最近快速成长的企业或公开发布将开始进行新项目的企业，你也可以把这些公司的名称整理为目录。在这种情况下，虽然企业没有公开发布招聘信息，但肯定会有就职机会。如果企业目录都整理好了，那么就让我们看看这些企业录取职员的方法吧。

认识企业、配合企业，就会百战百胜

早前也说过，我们的目标是找出能让我们工作三年以上的公司，所以，我们要尽可能多地找出一些我们感兴趣的公司的资料。

面对招聘网站或报纸上的招聘信息，盲目投简历是没有意义的。就算运气好，被录用了，但之前没有足够了解公司的相关信

息，在没有做好思想准备的情况下进入该公司，很可能会不如你意，你在公司里最多待上一两年，就会辞职走人。

每个公司都有不同的招聘领域和招聘人才的要求。如果把一份简历投给多家公司，就算你的履历符合招聘条件，也缺乏说服力。所以，我们需要对自己感兴趣的工作和企业进行彻底的分析。

关于大企业或上市公司的信息资料，我们很容易就能从网上获得。金融监督机构运营的电子公告系统和中小企业信息银行里记录了各个上市公司的年度报告、成本和利息等信息。年度报表中不仅记录了企业的信息，还记录了该企业的事业概况、主要交易公司、竞争企业的信息、产业分析等。所以，除了首选的企业目录以外，还可以查询到次选目标企业的现况。

此外，还可以从中小企业局或中小企业股份有限公司获得风险企业或有前途的中小企业的信息。现在比较流行的关于产业方面的专业网站，也可以成为让你获得产业动向和新生企业信息的重要途径。

那么，具体应该怎么做呢？首先，整理企业的目录，把各个企业的招聘方式和人事负责人的信息录入数据库。之后，把各个企业的财务状况、事业概况、产业现状等具体分析一遍，这时你的头脑里就会形成一些关于对该企业的看法。所以，即使没有被目录里的企业录用，还会有第二个、第三个值得选择的企业。能够掌握这些信息的人才，自然会拥有比别人更多的机会，选择进入可以让自己工作三年以上的企业。

　　现在就让我们看看，为了进入自己所期望的企业，尽最大努力搜集了资料，最终如愿以偿的例子吧。四十几岁的 W 是一位既没有学历，也没有太多工作经验的女性，更何况因为做了几年的全职主妇，还有几年的空白期。W 很清楚自己没有跟其他竞争者相媲美的条件，也不可能成为猎头的目标。

　　她给 R 企业的负责人寄去了列有诸多个人工作经历的简历，尽管如此，她还是连个回信也没收到。但 W 没有因此放弃，她不断地搜集 R 企业的信息，对 R 企业出产的每一种产品，她都仔细分析并把分析结果寄给 R 企业的负责人，一共寄去 100 多封热情的邮件。最后，W 得到了 R 企业的认可。在他们看来，只要她以这种热情和爱心对待公司的产品，那么她肯定能为公司的发展做出贡献。

　　我们有多少热情呢？达到写 100 多封邮件的程度了吗？

不再幻想，回归现实

二十几岁应该是学习奋斗的时期，为了三十岁，更为自己未来的全部人生。

要密切关注留学、人脉关系、外语能力等方面的潜在价值。因为这些价值是能够让你梦想成真的筹码。

女人是爱幻想的动物。想用各种惊喜确认对方对自己的爱，就算得不到白马王子，也梦想着能有一个愿意为自己付出一切的青蛙王子。比起现实，她们更追求理想，想用这些填充自己的欲望。女性的这种心理，也会在她们的日常社会生活中表现得淋漓尽致。特别是梦想"完美的幸福"的女性更是如此。她们用自己选择的画笔开始勾勒人生图画，用指定的颜色开始涂抹，喜欢先画树木，再画房子。

这些导致的结果是，如果超出了自己早前设定好的范围，就会觉得这是一个失败的作品。她们喜欢把重点放在完成每个作品的过程上，却看不到整体轮廓的致命缺陷。如果是自己画画，就不会产生问题。但如果和父母、丈夫、同事、交易负责人等他人扯上关系时，问题就产生了。不仅画画的顺序会变得杂乱无章，还不能肯定什么时候才能完成作品。因为，这其中会有好多的意外发生。只有明智地克服这些困难，才能完成作品。

但是大部分的女性对于自己的选择和关注的东西，从来不会做出改变。特别是总愿意用"我选择的职业是最好的""我是一

个在任何地方都能得到认可的女人" "我的同事们会用笑脸迎接我的"等掩盖自己的幻想。就像因为一时冲动而购买的衣服，也会用"正好是我需要的衣服"来安慰自己一样，时不时地会对自己"念咒语"。但过度自我安慰的咒语，会导致对自己的要求过高，甚至超出自己的能力范围，或者干脆沉浸其中。她们幻想着女强人和女超人，幻想着自己的容颜始终美丽如花等。女性们至今还在用这些幻想折磨自己，就像想完成一幅完美的作品一样。

没有女超人！

看到"女强人"一词，我们会立刻想象出一个穿着时尚、气质美好、叱咤风云、自信干练、不论对手是谁都能战胜的女人。最近通过媒体的传播，很多女强人都被大众所熟知，特别是在各个领域里升到了领导职位而声名远扬的女性。"女强人"，仅仅三个字而已，但她们为之奋斗的路程是极其漫长而艰辛的，一路上披荆斩棘、坎坎坷坷、风风雨雨……

若想成为耀眼的女强人，要有充足的思想准备和明确的人生规划。最近的新闻显示，某家大企业在 20 世纪 90 年代雇佣的女性职员只有 21 名，占总人数的 3.7%，但在 2006 年，比例增长到了 28%。在十年前被录用的女性职员中，继续在那家工作的职员只剩下三名。这个统计数字说明了什么？虽然职业女性们的数量在不断增加，但比起男性，女性们因为结婚、生育、教育孩子等，很多时候难以再维持职场生涯。如果不是想随便找个工作，结婚后就辞职的话，女性有必要在此之前对结婚、生育、教育孩子等事项做一个统筹安排或者合理的计划。

我们不仅要在像结婚或育儿等生活方面付出努力，还要学会在公司内部的激烈竞争中生存下来。从新职员升为领导，我们要走的路漫长而又艰苦。不仅是女性，男性也是如此，都需要不断地努力和进行自我开发。职员们最想一起工作的领导类型就是"懂经营、会管理"的上司和"能够倾听、采纳下属的意见"的上司。为了在自己的工作领域中得到人们的认可，要及时更新自己的知识库和信息库，多多关注国家、社会、政治、经济等方面的变化，并及时做出相应的决策。年复一年，会有很多能力突出的新职员或部下，威胁到你的职位。所以只有你比他们更加努力，才能满怀自信地去认可他们的能力，而不是感到不安或妒忌。

不论在家里还是在公司里，女强人并不是通过茫然的憧憬就可以实现的。维持个人生活和社会生活之间的完美平衡，明智地把工作放在首位，偶尔也需要果断放弃的勇气，并且要学会承受随之而来的痛苦，这是一条漫长的自我修炼的过程。

就算是在梦中遇见一个能掌控所有事情的女性，你一定要避开她。为了成为一个好母亲、好妻子，有能力的女人付出努力是一件非常值得骄傲的事情。但如果把自己和别人作比较，处处强迫自己，那么你的幸福感就会烟消云散了。只有你懂得真正爱惜自己的时候，你才会从中获得智慧和力量。

打破只属于男人们的竞争？

对我个人来说，我是非常讨厌男女不平等或种族歧视等现象的。不论是谁用了这些词，都会让人感到一种歧视和偏见。到目前为止，在升职方面，男女不平等的问题或公司内的性骚扰现象依然存在，并没有彻底消失。因此，与其一直抱怨这些，还不如不断增强自己的实力，因为每个女性的自身努力才是最重要的。

对于刚进入公司的女性职员来说，随着时间的推移，最让女性们头疼的问题就是她们的"交流平台"不像男性们那样畅通无阻。人们普遍都抱着"男人严肃，女人啰唆"的观念，但实际上有些男人的啰唆程度甚至比女人还高。跟男职员们一起聚餐时，你就会发现他们说起公司的问题焦点、和上司的矛盾、关于交易公司的秘密等等有关业务的话题时喋喋不休、滔滔不绝、唠叨个没完没了。不仅是在酒席上，就是在吸烟室或午饭用餐处也是如此。

但极少有女性会参与到男性们的这些讨论当中，并给出意见。同事之间的交流和领导之间的沟通，在某种程度上会给业务的完成情况带来影响。与客户和同事之间形成良好的人际关系，不是一张笑脸就可以搞定的，更重要的是彼此之间的深入沟通。

当你觉得自己在公司内的地位不够稳固时，当公司里发生的重要事件只有你不知道时，当你觉得公司里没什么值得学习时，在想着换工作之前，回想一下自己与同事们的对话是不是变少了。

有一年冬天，我在某风险企业里做理事。一天，两位男职员说要包装一些网上购物店要的货物，所以要去一趟集运公司。那些货物是一些进口的女性内衣，需要包装成套并装进箱子，我问他们需要多长时间，他们说只需两天。

两天后我问他们工作有没有完成，他们说只完成了一半，还剩下一半。老板开始发火了："你们出去干什么了？做事效率怎么这么低？"

我觉得他们俩不是耍小聪明的人，于是就跟着他们一起去看了一下。虽然是寒冷的冬天，但我还是跟他们一起包装，并用心聆听了他们对公司的不满以及对未来的期望等。我们聊了很多。最后，我还和他们建立了非常友好的关系。

不管是业务上的关系还是私下的关系，只要我向别人走近一小步，我的人脉关系就会向前迈进一大步，因此作为企业的管理者，包容是一种能力，更是一种魅力。不管是其他部门的信息还是公司经营上的问题，谁先获得了信息，谁就掌握了主动权。我们要把主动权掌握在自己的手里，敢于表现出自己的能力和勇气，这才称得上是"我们的竞赛"而不是"他们的竞赛"。

用热情颠覆偏见的 E

很多人为了能够做海外业务或者是出国，常常不考虑自己的实际情况而盲目投简历。西欧国家就不必说了，就连在非洲的许多小国家，也吸引了无数求职者的眼球。

E在大学里专攻语言学，二十几岁，身材虽然高挑，但骨子里依然透着一份柔弱，让人不禁产生一种想保护她的感觉。她的第一家公司是做军用品买卖的，主要业务就是与海外买家进行贸易洽谈。对她来说，她的最大价值就在于，别人都认为她做不到的事情，她却能非常完美地完成。她工作的第二家公司是家钢铁公司，她是那家公司有史以来的第一位女性职员。对于"未知世界"的无限向往和热情，最终让她飞到了非洲的一个小国家。为了成为一个有潜力的管理人员，她不断地努力着，一步一步地走向成功的道路。

在目前的社会，我们仍然不能否认男性的机会要多于女性，而且和女性相比，男性更容易获得机会，也更容易得到人们的认可。但不能因此就断定男人一定比女人更有能力。男人们从小就被灌输了很多的责任和义务，这一点女人是不能与之相提并论的。为了能与肩负着许多责任的男性们并肩作战，比抱怨"男女不平等"更重要的是要先努力去了解男人。

🦋 留学归来，工作就会不请自来？

随着经济的全球化，国际化人才的需求量大大增加。而且出国也已经不再是什么难事，所以许多年轻人为了追求更好的教育条件，以便将来获得更好的工作而选择留学。有人认为留过学，就能找到一份称心如意的工作。也有人是为了提升自身的价值而出国专攻一些在韩国还没开设的专业；也有一部分家境富裕，没有什么特殊目标，只想享受一下国外生活而留学的人。总之，留学的理由和目的因人而异。

许多海归学子，回国后通过努力也在职场中找到了适合自己的位置。做好履历管理，巩固自己的专业知识，梦想成为一名获得国际认可的 CFO 或 CEO 的留学生随处可见。但这并不意味着留学能让你 100% 成功。

出国留学不一定是最佳选择，理由如下：

第一，在讲英语的国度留学，虽然身处英语的语境中，但不一定就能说一口流利的英语。因为在海外的韩国人比比皆是，不论去世界的哪个地方，你都能找到韩人街。在这些地方，即使一句英语也不会说，也能照常生活。在美国生活二十多年却不能说一口流利的英语的侨胞屡见不鲜。除非你下定决心要学好英语。如果只是为了学英语，没有必要一定要出国留学。只要你下定决心要学好英语，那么

国内的英语教学也一样可以帮助你达到掌握语言的巅峰。比如，我有一个从没有出去留过学但在外企工作的朋友，她的英语发音比我这个在国外留学九年的人，更接近美国本土的口音。

第二，留学回来，不一定就能找到一份好工作。当然也有很多人以突出的能力在大企业里找到了自己的一席之地。只要把自己的眼光放低，你就会发现很多企业都需要一些英语实力很强的人才。但比起留学所花掉的费用和付出的努力，还有在留学期间错过的很多机会，想要找到一家能够补偿这些损失的企业却非常困难。

翻阅简历时，最让我感到惋惜的是，出去留过学后，很多人误认为自己对"语言学"很感兴趣，从而白白浪费了几年的时间。留学归来后，对语言学有自信的时候，没有想到要发挥自己的专业，并做长期的计划安排，而只是对"英语水平优秀"的招聘条件感兴趣，从而决定就职与否，这样的海归学子让我感到很可惜。

只宣扬自己的语言实力的 P

毕业于日语专业，并且在日本留过学的 P，在风险企业从事过很多与日本相关的业务。看到她投过来的简历，我发现她只是重点突出了自己的日语水平，没有谈及到利用日语处理过何种业务。

经过长时间的接触我才了解到，她本人真正希望的其实不是"只要用得上日语的事情"，而是想利用自己比别人更为优秀的日语实力在销售领域有所作为。

语言说到底只是一种交流工具。但最重要的是，可以通过语言与国际上更多的人进行交流，可以更有效地处理营销、人事等业务。

二十几岁时，不应该一味地满足于稳定的职业、光鲜的名牌服饰、令人羡慕的身份地位、每月打到银行卡里的工资，更不要为这些赌上自己的青春。二十几岁应该是学习奋斗的时期，为了三十岁，更为自己未来的全部人生。要密切关注留学、人际关系、外语能力等价值。这些价值能够助你圆梦。

有多少人是在做自己喜欢的事情?

你也许经常能听到这样的话，"真羡慕你啊，你能做和自己专业相关的职业"、"你可以做你想做的事情，多好啊。"很多人都对别人能做自己想做的事情艳羡不已。上学的时候，能够选择自己喜欢的专业，走上工作岗位后，又能做和自己喜欢的专业相关的工作，开开心心地为自己的工作奉献着青春。但是，敢问世上又会有多少如此幸运的人呢？但也有相当一部分人，虽然从事着和自己专业相关的工作，看起来做得很认真、很投入、很开心，但是内心也藏有许多不满和无奈，最终想另谋高就。

刚开始工作的时候，很难明确找出自己想做的事情。不要对那些工作没几年就看起来像是在"从事着自己喜欢的工作"的朋友羡慕不已。临渊羡鱼，不如退而结网，要学会在每天的工作中寻找自己想要做的事情，要不断地反问自己做什么事情才会感到快乐。大企业的人事负责人，最喜欢招聘的就是创意性人才。这里所说的创意性和"想做点事情"，有着很大的关联。

那么何谓创意性人才呢？创意性人才并非指那些能够出色完成自己的任务、一点不满也没有的人；而是指那些总想运用最好、最便捷的方法去更好地解决问题的人。这些人往往很有主见，他们可以把自己的业务领域随心所欲地进行拓展、扩大。例如，以开发者的身份工作了几年，想要转到销售部门，在这种情况下，很多人和我说，只要忽视自己之前的工作经验，以新人的态度重新在销售部门开始工作不就可以了。这样的想法其实不完全正确。从开发部到销售部，不需要转换180度，也可以运用之前的工作经验，逐渐走向自己所喜欢的方向。从开发部转到销售部，首先学会与销售部的人们进行合作，从而慢慢地形成销售的思维方式，并逐渐扩展业界关系网，等达到某个阶段时，就可以转换为销售经理人。

一个人在自己的一生中，不可能只做自己喜欢的事情，还不得不做许多自己不喜欢的事情。那么最好的方法就应该是多做一些自己想做的事情，这样才能开心地工作和生活。一旦被认为是一名创意性人才，你就可以扩大自己的业务领域。那么，到时候你就可以做你想做的事情，当然你的工作量也会相应地增加。当看到周围的朋友每天都在做着自己喜欢的工作，表现出幸福感的时候，我们要记住，她们肯定为了扩大自己的业务领域付出过很多努力。

如果没有机会做自己喜欢做的事情，那么享受目前正在做的也是一个很好的方法。把目前的职业想象成一个蛋黄，把它放在理想的中心，考虑它日后的可能性、生命力等，之后再扩大自己的业务领域。如果能从目前所从事的职业中找到自己的未来，那么你真的很幸运，我也相信你会为此努力拼搏、奋斗不止。

❀ 从大企业开始?

很多人都想进入大企业，但当问到他们为什么想进大企业的时候，却很少有人能给出一个明确的答案。如果在进入大企业之前没有提前对企业做一个全面的了解，你就无法判断它是否适合自己，单凭亲朋好友的强力推荐而进入大企业，这是很不可取的，很可能你工作不到两年就会产生跳槽的想法。我为什么希望进入大企业? 在大企业工作，对我有什么好处和坏处? 这是在决定投简历之前，必须要仔细斟酌的问题。

大企业固然有许多吸引人的地方，相对较高的年薪、优厚的福利待遇，以及企业带给个人的社会地位和个人价值，等等。这些也是很多人偏爱大企业的最重要的原因。除此之外，进入大企业能够体验并了解大企业的各项生产和管理制度，可以在很大程度上帮助你了解一个企业的运转体系。大企业一般都会有一套可以为每个人提高业务能力的教育项目。此外，还有"稳定"的优点。但是，随着时代的发展、经济状况的不断变化，大企业并不能给你绝对的保障和稳定。

在大企业成功地迈出自己的第一步，就等于在人生的道路上成功地迈了一大步。大企业会让你受益匪浅。但尽管如此，还是有很多新职员，干了没三天就交上辞呈拍拍屁股走人了。他们为什么要放弃这许多人可望而不可即的机会呢？这常常是因为他们先前没有充分了解企业的特点，也没仔细分析企业的特点是否与自己的兴趣爱好相符，单凭周围人的劝说才做了这样的选择。所以等进了公司之后，就会感觉到很多事情都不是自己想象的那样，开始感到不习惯，结果不得不拍屁股走人了。了解了他们决心要离职的原因，就可以判断出他们自身的兴趣是否适合大企业。让我们看看以下几点离开大企业的理由吧。

第一，分工细致。

企业就好比社会，社会越发达，社会分工也就越细。企业也是如此，规模越大，业务分工也就越细，所以每个人的业务范围也就越有限。但在小企业里，个人负责的业务领域就会相对广阔一些。例如，同样在人事部工作，如果是中小企业，会有一两名职员负责全部职员的月薪、奖金等人事管理项目，但如果在大企业，这些全都会被细化，每个人都有自己指定的业务。如果想培养专业性，当然是分工细致的大企业更佳，但是如果想在短时间内扩大自己的专业领域，小规模企业则更加适合。

第二，组织内部竞争非常激烈。

2005 年，韩国企业协会以国内企业为对象做的"升职管理实态"调查的结果显示，在普通职员中，每年只有 44.5% 的人们能升职到更高一级，不过，职位升到一定程度后，想再往上升一级就很难了。在大企业里，要想得到晋升的机会，需要付出巨大的努力。

大企业内部的竞争十分激烈，如果在升职的时候落选，员工就会受到很大的压力，所以偶尔也会发生一些职员因落选而决心离职的事例。当然，并不是说在中小企业工作就不需要努力，但总的说来，与大企业相比，中小企业的压力要小一些，中小企业的职员不多，所以关于升职的负担，相比起来会小得多。

第三，在大企业里，被认可的往往不是个人，而是个人所在的集体，这也是人们离开大企业的原因之一。

对于大企业来说，品牌就是生命。在那里工作的每个人，也都会被认为是品牌的一部分。在跟客户的来往时，也因为属于叫做"甲"的、实力强大的品牌，所以才可以受到优待。事实上很多时候，自己的成功并非缘于自己的实力，而是依靠企业品牌的力量。所以时间一长，就会对自己的实力产生怀疑。只在大企业工作过的人们，在中小企业工作时，很难适应与大企业不同的待遇，也是因为这个原因。

第四，工作量太大，没有时间去开发、拓展自己的业务。

不管在大企业还是中小企业，每个人多多少少都会有工作压力。不管工作量大不大，压力肯定是存在的。在大企业工作，加班是家常便饭，周末加班更是再平常不过的事情。但在一些中小企业或者风险企业，也有很多人担负着相当大的工作量。想提升自己的价值，提高工作效率，获得更好的待遇，那么就需要自己不断地学习开拓。就算是在同一个环境下，也有很多人在争分夺秒地进行自我提高。

在大企业工作过的经验，对你以后的人生道路大有裨益。但不要因为没被大企业录用，就觉得自己的能力不及那些被录用的朋友们。如果你铁了心想进入大企业，你也可以先在中小企业培养自己的专业性，然后凭借自己的工作经验和专业能力进入大企业。虽说企业规模很重要，但最重要的莫过于你如何专业地、出色地完成你的任务。

把专业业务能力作为跳板的K

K今年刚30出头，毕业于化学专业，在一家职员人数有二三十名的L公司，开始了她社会生活的第一步。L公司是一家引进、出售新药物的公司，她在那里主要负责与国外药品制造商通过邮件或传真进行交流。在她不断学习有关医药品发货的相关知识时，领导让她负责医药品许可认证的业务。她决心要在这个新的专业领域内巩固自己的地位。

正当她不断汲取关于该领域的知识，不断扩大人际关系网，用四年多的时间在 L 公司稳固了自己职位的时候，一个规模比 L 公司大两倍左右的 D 公司，向她提出了邀请。

诚实又讲义气，与职员们打成一片的 K，因为跳槽的事情而左右为难，背负了很大的压力，并且犹豫了很长一段时间。但为了能够更加扩大自己的业务领域，她还是决定跳槽。

但没过几个月，她发现 D 公司的管理经营体制和业务内容，特别是职员们的待遇比 L 公司差很多，于是，就给我寄来了一份简历。她是一个真诚而又富有热情的人，她的那种不管在什么情况下都要认真完成任务的高度责任心感动了我，我觉得这样的人才不管推荐到哪家企业，都会在短时间内得到企业的认可。虽然之前工作过的两家企业，规模都不是很大，但她出色的业务能力得到了认可，获得了进入著名制药公司的机会。

不要因为没能进入大企业而感到失望。在只有我能做到的专业领域里进行投资，也是一种可以提高自身价值的明智选择。俗话说，是金子到哪儿都会发光，你所拥有的专业知识和业务能力最终会得到认可。不仅如此，你所拥有的潜力也会随

着时间的推移绽放出灿烂的光芒。

🦋 公务员是最佳选择？

"你考公务员了吗？"这句话已然成为目前这个社会的流行语。近几年最热门的考试就是公务员考试。公务员最大的特点就是"稳定"。身处经济不稳定、就业老大难的社会，"稳定"恐怕是所有求职人员最奢侈的要求，也是公务员考试最致命的诱惑。公务员考试以分数来做评价，所以只要好好学习，考个好分数就可以。统计表明，为了能在公务员考试中合格，至少也要准备两年多，而且竞争越来越激烈，甚至还出现了因考试落榜而自杀的事例。

公务员工作稳定，没有失业压力，待遇可观，退休金丰厚，有一定的社会地位，总之有很多诱人的条件，否则也不会有人为之自杀。这其中有一部分人是因为听取了周围人的意见，然后对公务员做了相关的了解和分析后才准备考试的；但也有一部人是出于家庭经济条件的原因或者在家人的说服下，不得已才做出参加公务员考试的决定。如果事先没有充分了解，没有从自己的兴趣爱好出发，盲目地下定决心考公务员，辛辛苦苦准备了两年，好不容易吃上了这口"皇粮"，但由于不适合自己，最后又不得不一脚踢开。

公务员，顾名思义，就是为国家或公共团体提供服务的职业。上面说了公务员的诸多优点，其实也有相应的缺点。公务员工作中的重复性劳动特别多，比如说经常处理那些无休止的民事纠纷，这种重复性工作一时难以改变，就算有特殊的改革，也不会产生太多的变动。虽然工作稳定，但是工作内容基本上千篇一律，毫无创新可言，其实就是按相关规定办事，没有太多的主动性。所以从这一点来说，这份工作不适合那些喜欢创新、挑战或者渴望获得成功的人，因为这种工作中重复性劳动太多，很容易让人颓废、失去上进心。没有上进心，谈何成功呢？

认识自己本身就是一件很困难的事，想要正确地认识自己的天赋、对成功的渴望度及自身的潜质等就更不容易了。在我认识的很多人中，有许多人当年就是通过行政考试或司法考试，获得了在国家政府部门工作的机会，但没过几年，他们就愤然辞掉工作，下海做生意了。

如果你问他们为什么要辞掉那么稳定的公务员职位，他们就会回答说，因为讨厌了如指掌的未来。他们认为，虽然出来混不太稳定，但比起后顾无忧的公务员工作，充满挑战和刺激的工作更具有诱惑力，人生就应该是这样的。当然，不同的人有不同的梦想和价值取向，例如，"想爬 8000 米以上的山""想当演员"或"想开一家餐馆"等。公务员固然有它的优势，但是在任何时候都不要盲目地做决定，一定要事先判断出你的选择到底是不是你想要的，到底适不适合你，这样我们才能对得起自己的人生。

"绝对的时间是不存在的，存在的只是'一瞬间'而已。

所以我们不得不在这'一瞬间'里用尽我们全部的努力。"这是托尔斯泰的一句名言。今天你努力了吗？你为什么而努力呢？既然选择了远方，便不顾风雨兼程。不管目标是什么，只要你坚信自己的选择，那么就去做，直到达到你的目标……

接近招聘要求的方法

如果想吃柿子，便坐在柿子树下张开嘴，等待柿子的掉落，那么命运赋予你的将是"懒人罪"，连本来拥有的机会也会消失。"主动性决定女人的一生"，绝不要在提高自身价值方面有任何的犹豫。如果你渴望被录用，那么你就要在相关的企业信息上下工夫，争取宣传自己的机会。

如果你感兴趣的企业，就你目前想应聘的职位有招聘计划，并且是公开招聘，那么就更容易接近了。就算目前没有招聘计划，将来要招聘新职员的可能性肯定是有的。或者一位职员突然辞掉工作，或者公司要进行一个新项目或销售量突然增加需要人手等。

不过就算需要新职员，有很多公司都不会通过大众媒体发布招聘信息。机会是等不来的，所以要变被动为主动，机会不来找你，你就要去找机会。为了能找到适合自己的公司，一定要比别人勤奋好几倍。让我们开始动用所有可以接近该公司的方法吧。

招聘·求职网站

这是了解最新招聘信息最好的渠道，也是查看信息最快捷、最便利的方式。最近有越来越多的知名企业采用这种方式，公开发布招聘信息，求职者可以通过这些获得大量的信息。按照企业类型的不同，也会有很多不同类型的招聘网站，所以要定期搜索四五个具有代表性的网站。

但有很多人都是马马虎虎地浏览一遍之后，就怀着"虽然没做过这种工作，但我可以做得到"的心态，盲目地投简历。千万要注意，不要对用人单位表现出"我有很多能力，所以这种工作也能做，那种工作也能做"的态度。要有针对性，不能没有重点。因为手里有我想去的企业目录，所以你只需对那些你感兴趣的企业和业务的招聘信息予以关注。

猎头公司

猎头公司受企业委托，根据企业提出的具体要求，为企业搜寻合适的人才，说简单一点就是一种职业中介。但最大的问题是，很难查出你所希望加入的公司是否和那家猎头公司签了约。每个猎头公司签约的企业数量是有限的。很少出现一家猎头公司签约了好几家你想加入的公司的情况，所以至少要与三四个猎头公司里的猎头顾问保持联系，以便告诉他们你所喜欢的公司和职业领域，还可以得到相关的信息。

关注你感兴趣的企业网站

并不是所有的企业都是通过招聘广告或猎头公司等方式招聘人才的。有的则通过公司网站或该公司职员的人际关系网招聘职员。在企业目录数据库当中，要记录该企业的网址，定期确认招聘信息。

其他

虽然有些企业没有通过招聘广告或猎头公司招聘人才，但有些企业分明有招聘的意向。或许是因为一时要做的事情太多，没有人可以空出时间去担当招聘任务，也可能是因为没有时间去具体分析所需人才的要求。

就先说说我吧。在第一家公司递交辞职信之后，为了能进入与我专业相关的企业，我花了两个多月的时间，认真查看了与科学技术相关的周刊，还学习了新的 IT 用语。阅读了最新发表的新技术的文章后，对使用该项技术的产品和公司产生了兴趣；读了那个公司代表所发表的文章后，就开始写邮件。邮件的内容包括我的工作经验、我的专业知识及技能以及对贵公司发布的产品的感想，等等，并且还写了如果贵公司有招聘海外营销部等方面职员的意向，请一定要通知我。

一个月后，我成功通过某家公司领导的面试，顺利地进入了那家公司。

后来才得知，当时海外业务都是由代表或领导负责完成的，但因为业务量增多，正好缺少组长级别的人才。

Improving Your Value in Twenties

20 几 岁 ， 决 定 女 人 的 职 场 身 价

第二部分

提高身价的自我推销战略

企业究竟需要什么样的人才呢？作为企业，除了需要人才必须具有相应的业务能力外，还希望他能够全身心地融入公司，了解公司的规划并感同身受，更需要为了公司的发展而积极奔波的人。所以，如果想被顺利录用的话，就要事先对自己想加入的公司做一下充分的调查，如果觉得自己符合招聘条件，就可以向企业或猎头顾问推销自己，以获得与人事部经理面对面的机会。

　　人事部负责人每天都要查阅数十封甚至数百封的简历，所以你需要写一份可以在瞬间内就能给他们留下深刻印象的简历。虽然，在你看来，你是经过百般思考后才认真填写简历或自荐书的，但在查阅简历的人眼中，却没有几封简历是他们想看的。我们看看这些失败的简历吧：在一家公司工作了二十几年的领导级候选人，只填写了八行字的简历后在后面附上了"详细情况面谈"的字样；向宣传部递交简历，却把与宣传毫无关联的、在销售部取得的业绩，写了满满一张纸；还有的人会过多地填写个人私事或身世；甚至还会出现拼写错误或格式错误的情况。

　　简历相当于自己的面孔，自己的过去。如果一个人在解说自己的过去时，没有想过对方会怎样看待自己，那么这样的人在对待公司的态度上也会是同样的方式。下面就让我们了解一下能让我们成功应聘的七大条件吧。

证明能力的品质认证书

在这个世界上，想要取得第一名是非常困难的。

虽然当不了世界第一美人，但可以为了成为"唯一的美人"而努力。

现在，马上编写一篇可以表现自己的能力的软文吧。

在找工作的时候，简历当然是最基本的。一家公司发布了一条招聘信息，就会有数十封甚至数百封的简历投到招聘负责人的邮箱中。不管你的能力有多出众，不管你多么富有工作激情，如果你的简历没能引起任何人的注意，那么你连一个能表现自己能力的面试机会都争取不到。尤其是在招聘负责人工作很忙或者求职的人过多的时候，负责人只大体浏览一下简历的题目和形式之后，就会按删除键。

在网上，有好多简历的形式和内容资料可供选择，甚至还有怎样填写引人注目的简历的指导方法。所以，我想借此机会在本书里告诉大家一些关于填写简历的具体事宜和简历管理方法。

及时更新简历

简历是一部概述你个人情况的简史，同时也是展示你能力和价值的一个小小舞台。说到个人历史，要写的东西足以写成一本书，但这显然不适合于求职简历。简历之所以称之为"简历"，那最基本的要求就是"简"，在"简"的基础上突出重点，而不是要写成叙事性小说。填写简历的重点一般是工作经历、离职原因以及求职意向等。如果在一个公司工作了数年，而你却只能想起几行字的工作经验，那你就要注意了，工作经验的填写能反映出你是否是一个认真工作的人。假如你努力工作了，那么对于自己的工作经验不可能只有"只言片语"。所以，如果你觉得你对工作尽心尽力了，那么在写简历的时候，就要言简意赅地列出你的工作经验，而不要给用人单位留下一个"你对工作不够投入、不够认真"的印象。所以至少也要以六个月或一年为单位，及时更新自己的业务报告。正确记录业务事项，这有助于自己的前途发展和对未来目标的设定。

🦢 自我推销

假设自己是一件商品，那么你会如何向企业推销自己？首先要了解商品，那么怎样了解商品？当然是商品的使用说明书，有一份说明书，顾客就会明白商品必要的相关信息。那么你的说明书是什么呢？对了，就是你的简历。

看到一则招聘信息时，我们首先会看的就是招聘单位提出的要求和条件，此时你要根据企业的要求填写相应的工作经历、专业技能、求职意向等资料。要注意简历不可写得太过简单，也不能写得太过冗繁，因为在招聘负责人的立场上，过于详细而给人感觉太夸张的简历或过于简单而弄不清到底做过什么事情的简历，都是属于被删除类型。

为了准备一份符合条件的简历，你需要对自己投简历的企业进行详细而又准确的分析。

不仅要掌握该企业的经营方式和财务管理模式，还要了解该公司的主要产品和技术在市场上占有的地位，需要对竞争公司进行分析，还要准确分析企业需要的人才，了解企业文化等，之后再填写符合这些条件的简历。如果是大企业或上市企业，你可以通过财务共享服务中心的电子公告系统，很容易下载到该企业的年度报表，还可以通过该企业的网站或新闻资料等方式，了解企业的信息。如果通过这些方法也不能了解到企业的相关资料，那么以那家企业的产品和技术为中心，了解企业的相关信息，也是个不错的方法。

搜集完企业信息之后，你需要把做好的记录，按照该企业的特点，重新整理一遍。过于简略或过于夸张的内容，会喧宾夺主，掩盖你的优点。先要把你想强调的内容按照不同的类型整理一遍，其中没有必要的部分要果断地删掉，比如那些与你求职意向毫无关系的内容。因为人事部负责人想知道的是，你到底有没有能力胜任他们所提供的职位，有没有实力为公司做出贡献。

过去业务的专业性越差，越容易出现失误的是"不管是什么任务，我都能成功完成"式的表现。企业要找的不是每件事都会一点的人，而是精通某一专业，并具备潜力的人。把一封简历投到数十家企业的时候，单纯地把自己的工作经历和经验罗列下来的话，是很难被企业或相关部门看中的。最重要的是，人事部负责人一眼就能看穿你的简历是不是为了该企业而建立的，如果你是怀着"张口三分利"的侥幸心理，给所有企业投同样的简历，那么你就很难被选中了。应聘不同的职位，要有不同的简历，所以每次都要更新简历。

🦋 用数字证明工作业绩

要习惯用数字表示自己的工作经历。查阅简历的时候我发现，很多人都是用叙述性的方式，罗列自己所从事过的事务。如果你是负责招聘的经理人，你会集中精神仔细阅读这种叙述型简历吗？如果你不会，那么负责招聘的人就更不会。所以，要尽可能地归纳重点，量化自己过去的业绩。年度、项目名、参与项目的人数、本人的参与率、业绩成果等，需要一一认真填写出来。如果有些项目不能进行量化，那么也需要你构思一篇能够引人入胜的、简洁而有重点的文章。

随着网络的普及，很多企业都是通过该公司的网站或邮箱接收简历的。如果是通过该公司的网站在线投递简历，那么就很可能是通过该企业内部的系统，输入到数据库里，所以只需根据提示的步骤输入即可。但如果企业是用邮箱接收简历，你就要考虑一下人事部负责人的业务处理方式。不是一两个领域里的招聘，而是要招聘数十个领域的人才时，以"某某某的简历""应聘简历""你好"等作为题目的邮件是很难吸引眼球的。"姓名／应

聘职位 / 经历（关键）"等形式的邮件，才容易吸引招聘负责人的注意。

　　在这个世界上，想要取得第一名是非常困难的。为了成为第一，需要付出很多常人难以想象的努力。对二十几岁的女性来说，这些都是很难拥有的。那么，这个方法怎么样？虽然当不了世界第一美人，但可以为了成为"唯一的美人"而努力。现在，马上编写一篇可以表现自己的能力的软文吧。

决定简历成败的关键

成功的简历

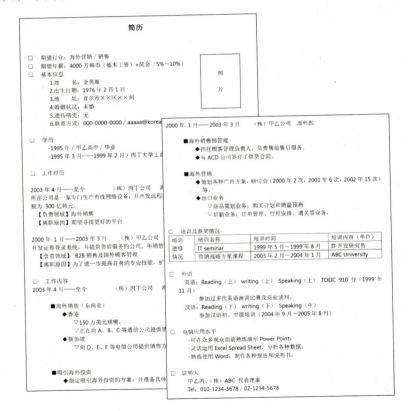

简历

- □ 期望行业：海外营销／销售
- □ 期望年薪：4000 万韩币（基本工资）+奖金（5%~10%）
- □ 基本信息
  - 1.姓　　名：金英姬
  - 2.出生日期：1976 年 2 月 1 日
  - 3.地　　址：首尔市××区××洞
  - 4.婚姻状况：未婚
  - 5.遗传病史：无
  - 6.联系方式：000-0000-0000 / aaaaa@korea

　　照
　　片

- □ 学历
  - -1995 年／甲乙高中／毕业
  - -1995 年 3 月——1999 年 2 月／丙丁大学工商

- □ 工作经历

2003 年 4 月——至今　　　　　（株）丙丁公司　消
所在公司是一家专门生产有线网络设备，并开发远程
额为 300 亿韩元。
　　【负责领域】海外销售
　　【离职原因】期望寻找更好的平台

2000 年 1 月——2003 年 3 月　　（株）甲乙公司
开发证券登录系统，并提供售后服务的公司。年销售
　　【负责领域】B2B 销售及国外顾客管理
　　【离职原因】为了进一步提高自身的专业技能，扩

- □ 工作内容

2003 年 4 月——至今　　　　　（株）丙丁公司
　　■海外销售（东南亚）
　　　◆香港
　　　　▽150 万美元规模。
　　　　▽正在向 A、B、C 等通信公司提供销
　　　◆新加坡
　　　　▽向 D、E、F 等电信公司提供销售方
　　■吸引海外投资
　　　◆制定吸引海外投资的方案，并准备具体

2000 年 1 月——2003 年 3 月　　（株）甲乙公司　海外部

　■海外销售部管理
　　■担任顾客管理负责人，负责售前售后服务。
　　◆与 ACD 公司签订了供货合同。

　■海外营销
　　◆策划各种广告方案、研讨会（2000 年 2 次，2001 年 6 次，2002 年 15 次）
　　　等。
　　◆出口业务
　　　▽商品策划业务：购买计划和销量预测
　　　▽后勤业务：订单管理、行程安排、通关业务。

- □ 培训及获奖情况

培训进修情况	培训名称	培训时间	培训内容（单位）
	IT seminar	1999 年 5 月～1999 年 8 月	IT 开发研究员
	营销战略专家课程	2003 年 2 月～2004 年 1 月	ABC University

- □ 外语
  - 英语：Reading（上）writing（上）Speaking（上）TOEIC 910 分（1999 年 11 月）
  - 参加过多次英语演讲比赛及商业演讲。
  - 汉语：Reading（下）writing（下）Speaking（中）
  - 参加汉语初、中级培训（2004 年 9 月～2005 年 8 月）

- □ 电脑应用水平
  - -可在众多观众面前熟练演示 Power Point；
  - -灵活运用 Excel Spread Sheet，分析各种数据；
  - -熟练使用 Word，制作各种报告和说明书。

- □ 证明人
  - 甲乙丙、（株）ABC 代表理事
  - Tel：010-1234-5678 / 02-1234-5678

内容的统一性

在这份简历中，求职者想向用人单位提供的内容，被非常清晰地列了出来。工作经历和自我开发所做的努力也简单明了地体现出来。

照片

打开文档的时候，最先映入眼帘的就是照片。对于需要在短时间内相中人才的人事部负责人，照片给他们的第一印象非常重要。过多的修饰或单穿一件衬衫、马马虎虎照的照片，还不如不放。最好附加一幅可以给人端正和诚实感的照片。

整理工作经历

很多人会在简历上罗列出以前从事过的所有工作。感觉是在跟人事部的负责人说："我做过各种各样的业务，你看着办吧。"但是成功的简历，应该是能让人事部负责人明确看出求职者的求职意向及想到哪个部门工作等信息，也能够看出她在相关的部门努力过的痕迹。她的这些努力，可以从具体的内容中看出。制作简历时，你应先把自己的业务进行大体的分类，然后在各个分类下面再细分归纳，最后列出业务成绩。这样的简历能给人这种印象：求职者是一个工作很有条理的人。

计算机能力

有些人写到计算机应用能力时，一般都会表明能熟练操作Word、演示文稿、电子表格等办公软件。但是成功的简历会加上简单的附加说明，暗示操作这些软件的熟练程度。例如，为了演示而使用了演示文稿，不仅可以表明你会操作演示文稿，而且还很娴熟。想知道一个人是否能熟练使用 Word，仅凭他的简历的排版方式，就可以判断出来。

参考

关于人际关系及业务处理能力，可以向之前公司的领导咨询。从这一点可以看出求职者的自信。

其他

除上面的内容之外，按照不同的状况，还可以添加几项内容。如果之前在很多企业工作过，可以用一行左右的句子对企业进行简单的介绍。例如，职员人数、销售额等，这样就更能显现出求职者在之前企业的业务能力。如果跳槽过很多次，可以在每个企业的下方，填写离职原因。

失败的简历

简历

- ■ 期望行业：日本市场销售
- ■ 个人信息
  - ·姓　　名：甲乙丙
  - ·出生日期：1977 年 0 月 0 日
  - ·地　　址：首尔市江南区瑞草洞×××-××
  - ·E-mail：kanada@xxxxx.co.kr
  - ·电　　话：000-0000-0000
  - ·目前年薪：0000 万韩元
- ■ 学历
  - ·1996 年 2 月　甲乙女子中学
  - ·2000 年 2 月　丙丁大学 日语专业
- ■ 主要经历

2005 年 2 月——至今（两年三个月）　　　ABC 贸易／海外市场部
　　　　　-工资管理
　　　　　-日本市场管理
　　　　　-翻译及代理业务
　　　　　-市场调查

2002 年 8 月——2003 年 10 月（一年三个月）　　EFG 公司／职员
　　　　　-日本市场调查
　　　　　-日语口译，参加海外展览会
　　　　　-说明书翻译（日韩／韩日）

2001 年 1 月——2002 年 5 月（一年五个月）　　丙丁戊公司／职员
　　　　　-贸易材料管理及海外代理业务（以日本企业为对象）

- ■ 外语能力

日语　Reading（上）　Writing（上）　Speaking（上）

- ■ 爱好

跆拳道，击剑。

内容的统一性

在这份简历中，求职者的工作经历与应聘职位有点不符合。她本人的求职意向是和日本企业相关的销售业，从简历上所写的工作经历来看，感觉她只担任过翻译业务。在工作初期，求职者担任了使用日语，负责管理贸易文件的业务或负责与日本企业相关的往来业务。但在积累了经验之后，她并没有担任更具分量的任务。例如，高难度的翻译或亲自跟日本买家洽谈业务等。因为对自己的日语能

力过于自信，并且想使用日语的意愿过于强烈，导致她忘记了其实自己真正想从事的是销售业务。虽然禁止编造无中生有的工作经历，但如果是以营业销售为求职目标，那么就需要强调自己拥有的业务知识和工作经历。

整理工作经历

关于个人的工作经历，需要具体而系统的整理。如果对营业或销售行业感兴趣，就有必要用具体数据表达出自己曾经取得了多少业绩、参加过几次海外展览、参与后的成果等等。如果详细地罗列出自己从事过的业务，就可以很好地整理业务范围了。例如，在各个企业的工作经历，可以按以下分类进行整理：1.海外营业及销售；2.技术营业及销售管理；3.技术支持等。这样进行分类，你的工作经历就一目了然了。

如果只是单纯地强调自己的日语能力以及和日语相关的销售管理工作经验，是无法体现她是否曾经担任过重要的业务。但如果在海外销售及销售管理的小题目下，写明自己于哪一年参加了什么样的展览、挖掘了几个商业伙伴、为了参加那次展览都做了哪些详细的策划和业务，就可以让人们看出你在销售方面具有哪些能力和专业特长。在强调自己的日语应用能力时，不要简单地说明自己用日语翻译了手册，而要这样说：为了支持开发部的工作，做了相关的日语翻译工作。这样就可以暗示别人，你对技术的理解度很高。

从这份简历中我们还可以看出，从 2003 年 11 月到 2005 年 1 月，是一段空白期。这段时期，求职者有可能是结婚生子，也有可能是进修学习了。在空白期内你可以取得一份资格证，以表示你在空白期内也没有松懈。虽然日语水平为"优秀"，但毕竟没有去日本留学过，所以最好在 2004 年的时候，取得一份关于日语的资格证，若参加了关于销售的研讨班或课程就更好了。为空白期准备好明确的事由是非常必要的。

其他情况

这份简历，总体来说，看不出一点诚意。因为落掉了几项可以表现自己的内容。

1.照片：添加能准确显现出求职者诚实表情的照片是必需的。

2.计算机应用能力：现在不管是什么行业，计算机应用能力都是从业的基础技能。所以要准确表达出自己对 Word、Excel、PPT 等办公软件的熟练程度和应用能力。如果觉得没有信心，那就马上开始着手学习。因为计算机能力已经成为一项基本能力。

3.语言水平：在评价的人看来，拥有高级语言水平的人会把自己的语言水平说成是中级，当然也有很多只有中下级语言水平的人把自己的语言水平说成是高级的情况。高水平的语言能力，不是通过在特定的考试中取得优秀成绩来判定的，而要看具体的语言应用能力如何，是不是能与外国人交流自如，是否能明确地表达出自己的意见。语言能力的考核分听、说、读、写四个方面，每个方面的级别都要明确地表示出来。另外像雅思、托福、托业等考试成绩也可以起到一定的作用。如果没有海外学历，那就最好先考这类考试。

战胜面试综合征

每天拿出 10 分钟的时间跟自己对话吧。

反复讲述关于"我"的故事，久而久之，你就不会感到尴尬了。

比起华丽的辞藻或迷人的口才，真实、自然地表达自己更为重要。

　　如果你的简历被应聘单位认可，那就意味着书面上的你基本达到了公司的招聘要求。但这还不够，单凭书面材料并不能全面了解求职者的工作经历或专业能力，也不能确认求职者是否符合公司所需的人才标准，所以公司最后采取的方法就是面试。面试的步骤和所提问的问题，不同的公司各不相同，无论在什么情况下，都能灵活地应对自如是非常重要的。但最基本的，还是充分了解企业需要的人才的条件和关于企业的各种信息。

　　如果是真心想要加入那个公司，充分掌握了该公司的信息，并有信心对该公司做出一份贡献，其实面试也不是一道难过的坎儿。那么，让我们再留意一下面试时要注意哪些问题。

掌握企业面试的动向

　　每个企业都有自己的企业文化和适合自己企业的专业性人才。大多数企业共同需求的人才是具备突出的创新能力、敏锐的眼光和洞察力。根据企业的业务特点，还会要求人才具有挑战精神、团队精神等。根据不同企业的不同情况，有些企业重视具备挑战性和创造性的人才，有些企业则重视服务精神、具有亲和力、专业能力强的人才。有必要通过公司网站、周围的前辈或熟人、网络信息等，提前了解一下你所申请的企业的特点。

面试的过程也因企业的不同而千差万别。就算通过了面试，在招聘过程严格的企业，如果在职位审核中，你得到了不够资格的判定，那么也很有可能会被淘汰。有些企业会通过两天一夜的集训，根据每个求职者在集训中的表现，来分析求职者的工作经历、应对能力、面对压力态度是否适合企业的要求。有些企业计划进行长期的人才培养项目，想把他们培养成各个领域中最佳的专业人员，这样的企业，其面试过程会非常严格。关于大企业或外企，我们很容易就能得到有关面试过程的信息。相比之下，中小企业的面试过程就很难得知，所以只需做好最基本的面试准备。另外，通过面试，还能直接获得企业的相关信息，这一点很重要。要学会在面试中积极获取这种信息，这样便于你更加充分地了解企业的信息，然后再根据这些信息做出决定，减少失败的概率。

掌握对方的心思

面试是通过相互之间的对话来表现自己的能力，并共享公司信息和发展前景的过程。没有理解好问题的重点，单方面回答自己早已准备好的答案；得到的提问是自己最有自信的问题，所以开始长篇大论的回答等，这些做法都不会得到好的结果。一个优秀的求职者，在面试的时候会懂得把握面试官的心思，做到既尊重对方的意思，又能平静、自然地表达出自己的想法和意见，但这种能力不是天生的，需要平时坚持不懈地努力和积累。面试的时候，你可能会面对不同的面试官，有的面试官口气生硬或略带有攻击性，常让人感到惊慌和紧张；有的面试官会问你一些莫名其妙的问题，以至于让你不知如何回答。但不管在什么情况下，你的心态要一直保持"我想对你说出我最真诚的回答"，所以偶尔也需要反问面试官："刚才提出的问题是这个意思吗？"再次确认问题的重点后再回答。

避免说出一些不利于前公司的事情

如果你经常参加面试，那么面试官问你为何辞掉以前的工作则是理所当然的事情。如果经常跳槽，就要提前准备好关于跳槽的原因；如果一直在一家公司工作，那就要准备为何现在要换公司的理由。

公司的管理者有问题、公司的发展状况不好、公司选择了毫无前途的项目等，我认为实质性的问题应该很多，但凡事都要先反省自己，而不是找别人的原因。而且，这些理由根本不会给面试官留下好印象。好比在人际关系中，遇到喜欢贬低别人的人，你会怀疑这个人会不会在别的场合贬低你。所有的事情，都是由自己做出的选择，那么责任当然也都在于自己。所以一定要铭记，你是为了自身的发展，为了更好地发挥自己的能力，为了跳跃得更高，才会站在面试官面前的。

　　每天拿出 10 分钟的时间跟自己对话吧。反复讲述关于"我"的故事，久而久之，你就不会感到尴尬了。比起华丽的辞藻或迷人的口才，真实、自然地表达自己更为重要。因为，最自然的话语，会给人最舒服的感觉。

你的价值取决于相识时的前 3 秒

很多人都愿意在"能说会道"上进行投资，但对"专心听别人讲话"却毫不关心。

其实，只要你认真听，并积极应和，就可以给人与众不同的印象。

一个人的形象除了取决于视觉与听觉，还有一些情感因素。态度、服装、表情、礼仪等视觉上的因素以及声音、语气等听觉上的因素，还有交融这些因素的情感因素会形成一个人的整体形象。特别需要指出的是，一个人的印象如何大部分取决于初次见面。不管对方是面试官、客户还是进行咨询的猎头顾问，或者是第一次上班的新同事，我们都希望给别人留下"我是一个非常优秀的女性"的印象。

好印象是指，在几秒钟的时间内给第一次见面的人留下自信、可靠、亲切的印象。

最近有很多人都在做整容手术，其实除了那些有特殊情况的人之外，有必要整容的人并不多。最能赢得别人好感的是，发自内心的真诚和有礼貌的态度，而不是外表。

无礼的态度和诚恳的态度，犹豫不决的态度和果断自信的态度，带有攻击性的态度和积极而又充满活力的态度，这些态度之间的差别，就像铜币的正反面。

作为猎头顾问，我进行咨询的时候会遇到各种各样的人，每个人说话时的态度和行为习惯都各不相同。当然，存在有魅力的部分与需要改正的部分。紧张时，就会抓住椅子把手；回答问题之前，总会眨一下眼睛；专心致志听取对方意见的时候，总会皱眉头等。每个人都会有各种不同的行为习惯。为了给人留下好印象，在身上喷了一点香水，但因为香水味太浓，不得不提前结束面试；因为口臭，被销售部淘汰等。除此之外，还会发生很多意外的情况。

　　气质和着装是最能够体现出自身魅力的两个方面，但最重要的是，自己要了解哪些习惯会让人感觉不舒服。

　　有一个"1：2：3规则"，即跟对方进行对话的时候，如果你说了一句，就要听他说两句，然后应和三次。跟对方谈话的时候，利用这种规则，发挥一下你的"对话能力"吧。很多人都愿意在"能说会道"上进行投资，但对"专心听别人讲话"却毫不关心。其实，只要你认真听，并积极应和，就可以给人与众不同的印象。

初次见面，就跟猎头顾问成为朋友的C

　　我一直记得一位举止优雅、穿着得体，并且非常有风度的女性咨询者——三十几岁的C。单凭简历来看，她只是一个很平凡的女子，看不出任何魅力。有一天，她给我打电话说想跟我当面聊聊。

我没抱多大期望，于是约好跟她见面。在约定时间的前5分钟，她给我发了条短信："您好，我正尽快赶往那里，但好像会迟到5分钟左右，对不起。"过了一会儿她又来了电话："你好，我现在在咖啡店，这家的咖啡非常好喝，您要喝哪种咖啡？"不顾我的极力推辞，她还是拿着两杯咖啡进门了，还笑着说："来给您送咖啡了……"

虽然是第一次见到C，但就像见到一位老朋友似的，之前的顾虑和冷漠烟消云散，我开始想着能为这个人做点什么。她非常了解自己的外表，扬长避短，剪了一头利落的短发，纯净而又内敛的衣服颜色，配上一款落落大方的手提包，举止优雅，笑容可掬。我原以为，为了抚养孩子，忙碌的每一天会让她疲倦不堪，但是我错了，她身上所散发出来的热情与活力，令我至今也难忘。

说话的艺术

美国的希拉里女士之所以能获得人们的认可，是因为她懂得得体地表述自己的野心。她讲的话总是那么简单明了，没有华丽的修饰语，也不会说得模糊不清或看他人的脸色发言。

在第一印象中，起决定性作用的还有声音。有的人虽然拥有美貌，但由于声音过于难听，在讲话时会给人带来负担。有些人的声音略显轻浮，但他们会用干脆而又准确的发音引导对话。越是成功的人，他们的发音越准确，吐字越清晰。当然，这也是需要不断地努力才行。第一次通过录音听自己声音的人们，大部分都会吓一跳。当你发现自己的声音，和你想象的不一样时，特别是发现自己的声音并不是很好听时，你需要找出自己声音的缺点所在，然后进行相关的矫正和练习。不是每个人一出生就会拥有明亮、清晰而又动人的声音，这都需要后天的努力。

正在做生意的 K，因为发音不准确，总会遭受周围人的批评。所以每天早上洗脸、照镜子，在上班的路上，在卫生间里时，只要有机会她就会练习说"您好，我的名字是 K"。她的目的是与人第一次见面时，给人留下深刻的印象。最后，工夫不负有心人，人们对她的第一印象是坚强、能力突出的女性。当然，关于外表的努力是另一回事。

关于说话的艺术，让我们了解以下几个要点。

通过录音听听自己的声音

首先要分析自己的语气、语调、发音上的问题，对症下药，矫正发音，并试着像主持人一样说话，以引起对方的注意。

记得有一次，我为了在新买的自动应答机上录下自己完美的声音而折腾了一夜。因为我的声音低沉、浑厚，总让人感觉好像是一个刚受过打击或遭受了非常痛苦的事情的人一样。经过数十遍的录音，我最终还是放弃了。平时我们在讲话时，要多注意句子之间的停顿、断句、语气、收尾等讲话技巧。

找出说话时的坏习惯

为了正确地表达自己、得到对方的信任，禁止使用某些话语和语气。不准确的发音、攻击对方的语气、过于浓重的鼻音、感觉没诚意的语调、毫无力度的低音、语无伦次的表达，都会使对方产生尽早结束对话的念头。若想像新闻主持人一样准确而又利落地发音，必须经过长期的练习才能做到，所以你也要做好一定的心理准备。要记住，主持人也是每天都在进行发音矫正、"管理"自己的声音。

美国的希拉里女士之所以能获得人们的认可，是因为她懂得得体地表述自己的野心。她讲的话总是那么简单明了，没有华丽的修饰语，也不会说得模糊不清或看他人的脸色发言。

能力 100 分，沟通能力 0 分的 B

刚成立没多久的 P 公司，在短时间内就创造出引人注目的开发成果，在业界备受关注。这家企业需要一名团队意识强、诚实而又善解人意并能积极配合其他同事工作的人才。公司的业务性质要求公司成员之间有高度的默契和合作精神，所以提出了这样的要求，这些要求比强调开发创造能力其实更为苛刻。

B 毕业于名牌大学计算机工程专业，在一家大企业工作了五年之久，光从简历来看，他可谓是 A 级人才。但从推荐他到那家企业之前进行的面试来看，他所表现出来的态度和口气，都与简历上的形象截然不同，让人大吃一惊。从头到尾都像是一副生气的表情，不管问什么问题都只回答"是"或"不是"，根本看不出他的激情和真诚的态度。因为他的简历实在太完美，我觉得如果这样错过一个人才会很可惜，所以给他指出了他的毛病。结果，这次他终于说了一句长于"是"或"不是"的话：

"我本来就是这种人。没什么事情可值得我高兴的。只要认真工作不就行了吗？"

当然，也有些企业只强调能力，但从长远的角度来看，B 在以后的工作中很难会被认可。

卓越的领导能力比实力更重要

积累经验和能力的同时，也要培养、珍惜你和周围人的"感情"。
这种感情投资能让"合唱"比"独唱"发出更美妙的乐音，使
全场的听众都为之感动。

　　直到三十几岁，我所拥有的热情、知识和业务能力，都在我的履历管理方面扮演着重要角色。一个组织的构造就像一座金字塔，不可能让同一时间进入公司的所有职员持续升职，并在同一时间坐到同一个职位。很多企业都在为培养人才而投资金钱和时间，这是因为他们想找出拥有领导能力的人，让他们来管理部下。

　　虽然就业难已成为当今社会的焦点问题，但仍然有很多企业的人事部负责人向猎头顾问诉苦："领导能力和业务能力都强的人才太少了。"说白了，就是"找不到有用的人才"。这里说的"有用的人才"不是指那些学历高、工作经历丰富的人。当然，学历高、工作经历丰富可谓是锦上添花，但企业需要的不是光杆司令，而是可以领导同事及部下的人才。拥有一位优秀领导的企业，获得成功的概率比其他企业要高。

　　很多公司都会在招聘条件上写上"拥有领导能力的人"。如果求职者的年龄超过 30 岁，面试官们就会仔细询问他管理过多少职员、负责过哪些项目等。为了拥有管理能力，我们需要付出哪些努力呢？为了到 40 岁时能成为一名受人尊敬的领导，要怎样度过这珍贵的 20 岁～30 岁呢？举几个例子，帮助你探索一下通往成功的道路。

下达任务时不注意统一性的 A 组长

在 D 企业工作了五年多的组长 A，在领导们的眼里，可谓是公司的顶梁柱。他对公司的发展前景十分了解；他可以为了公司的发展废寝忘食，并且做任何事情都会全身心地投入，其工作激情可以感染每一个人。公司有他这样的员工，真是一种幸运。

但奇怪的是，他们组的辞职率比其他任何部门都要高。经过调查才知道，原来问题在于 A 组长下达工作任务的方式让人难以接受。接手一个项目时，他会强迫性地给职员下达各种任务。但当职员好不容易熬夜完成那项任务时，他又说不是那项任务，于是又下达了另一项任务。类似"我说什么，你就做什么！""你听不懂人话吗？"这样霸道无理的话，他从来都是脱口而出，从来都不顾及别人的感受，他的部下就这样被他"无情地伤害着"。不仅如此，他也不会因为职员出色地完成了任务，而去鼓励他们。

下达任务时，如果指令前后不一致，结果就有可能导致"竹篮打水一场空"，白忙活一场，这样的领导很快就会失去职员们的信赖。为了爬到这座山的顶峰，无怨无悔地奋斗了几天几夜，但领导突然对你说："咦？你爬错了！不是这座山！"然后让你去爬另外一座山。这种领导，不要说跟他学习什么了，就连一句表扬的话，你也休想得到。

急于推卸责任的 B 组长

B 组长在各种会议上，解释业务完成时间为何延迟或为何在竞争中落后于其他企业时，总会把这一切归咎于部下们的能力不足。也就是说，他认为，虽然自己拥有充沛的精力，并且业务能力很强，但是因为部下们的能力没能达到可以与他合作的程度，所以不能形成令人满意的结果。他对职员能力的否认，使得部下总是不能积极地参与到项目组织中。因为职员介入的程度越深，受到 B 组长攻击的可能性就会越大。结果，组内的业绩每况愈下。

管理者们最经常犯的错误就是，常常忘记自己最大的责任就是挖掘每个职员的潜力，让他们的能力发挥到极致，以便为公司多做出贡献。当管理者觉得每个下属不够努力时，应先倾听每个职员的意见或想法，让职员们意识到，他们不是个人而是组织里的一部分，需要共同背负责任，从而达成必要的共识。将成功的荣誉赋予部下，失败的责任自己背负。这样的领导，任何人都愿意与之共事。

受人尊敬的 C 组长

没有专攻设计专业的 C 组长，因为年龄长、学历高、人际关系好等，负责管理设计部门。他知道自己的专业技能比下属差很多，为了让职员们可以更好地发挥专业特长，他积极地向公司申请了支援。同时，为了解决职员们在工作中遇到的一些不太熟悉的问题，他利用业余时间，偷偷地培养自己的实力。每次接到新项目，他会先听取每个职员的意见，让他们接手最拿手的业务。在组长会议或领导会议上，他总把所有成果都归功于职员们的努力。因为整个组织要为公司的业务和自我开发而努力，业务量也逐渐增多，为了减轻职员们的压力，他通过明确下达任务及与其他部门调解的方式，给职员们分配了适合他们的业务。

设计专业性不如别人的 C 组长，后来因为得到了组员们的信任，还担任了宣传设计部的部门经理。

没有人天生就可以得到职员们的信任。为了成为有能力的管理者，要努力完成自己的任务；通过与同事或上司的不断交流，确认自己走的路是否正确；对于自己所取得的经验，做一个详细整理后传达给同事或部下等，这种过程要循环数十遍、数百遍。不要吐露自己的不满，而应指出问题所在和解决方法。在探寻这些解决方法的过程中，要充分倾听职员们的意见，"一起"寻找解决方法的态度才是成为受人尊敬的领导的最佳方法。

在社会生活中，评价你的价值的是"他人"。"他人"可以是你的同事、上司、前辈和后辈等。实际上，大企业在选拔领导的时候，会把同事和上司评价一个人的分数加起来，作为升职分数的组成部分。积累经验和能力的同时，也要培养、珍惜你和周围人的"感情"。这种感情投资能让"合唱"比"独唱"发出更美妙的乐声，使全场的听众都为之感动，为之兴奋。例如看到同事在加班，问候一句或者给他买一杯咖啡，这些"滴水之恩"，他们以后必定会"涌泉相报"。

不要执著于你总学不好的外语

我们很难把一门陌生的语言变成自己的母语，掌握一门外语需要一个漫长而又艰辛的过程。

那么，你学习外语的具体目标是什么呢？是听，是说，还是写呢？

在职场生活中，外语能力并不是必需的。很多企业都需要一部分全球化人才，但实际上在企业里，只有几个部门才需要使用外语。然而现在看来，英语似乎已经成为每个人步入社会的必修课。纵观经济全球化的国际形势，学会一种外语是完全有必要的。因为现在各国之间的贸易、经济、文化往来很频繁，不仅是进军海外的现象多，海外人力资源进军国内的现象也非常普遍。所以不能因为没有英语或汉语能力，就白白失去了摆在眼前的机会。

外语只是与人沟通的一种工具

"在韩国，参加英语辅导班是很普遍的现象，但是辅导费非常昂贵，而且孩子们承受的压力也非常大。如果在国外上学，最起码英语会学得更好，不仅如此，还能开阔孩子的视野，你说是不是这个道理？"

这是在采访年轻家长们时最经常听到的话。长期居住在美

国，回国后我发现韩国人说的英语纯属"韩国式"英语。每个人的表达方式都不同，有的人只喜欢自己唠唠叨叨个没完，却不愿意听别人说话；有的人性情暴躁，说话语速非常之快；也有的人说起话来杂乱无章，让人不知所云。事实上，学英语最基本的目的是为了能和人进行交流。

企业寻找的全球化人才，并不是英语水平高的人，而是那些能与不会说韩语的人们或组织，在了解他们文化的基础上，进行交流的人。这种意义上的英语，分明就是一种用于沟通的工具而已。这与对待语言学的态度有着密切关系。

把英语当做一种沟通工具的人，会把重点放在如何通过这种工具实现自己的目标上。换句话说，他们重视的不是英语应用能力，而是如何用英语表达自己思想的能力或者如何用英语和外国人沟通的能力。英语好的人有很多，但为了达到自己的业务目的，灵活运用英语，并有能力从对方身上获得满意答复的人却很少。

举个例子。我以前参加过一次某韩国企业和某外国企业，以携手合作为主题的会议。外国企业的 CEO 带着一名翻译。她在美国念完高中和大学，会说韩语和英语，拥有一年专业翻译的工作经验。而我不是专业翻译，所以坐在韩国企业 CEO 旁边，只负责记录对话内容。在以合作为主题的会议上，正确的表达非常关键，例如关于合作时敏感的经营问题和法律专业术语，还有 CEO 们之间含蓄的表达方式等，需要特别注意。但英语能力达到美国本土人水平的翻译员，却没能准确地表达出 CEO 们的想法。

相反，英语实力相对欠缺的韩国企业 CEO，比手画脚的表达方式，却更能加快对话的节奏。

语言是一种交流工具，为的是能更好地进行沟通，从而正确判断对方的想法。工作上的沟通，最基本的是要做到正确理解和正确分析。也就是说，不管是韩语还是英语，只要能认真倾听对方的意见，并能及时做出应对措施的人才就是全球化人才。等你做到了这一点后，再考虑学会英语或其他外语也不迟。

🦋 千里之行，始于足下

因为网络的发达，生活在世界各地的人们，就像这张网上的"结"一样，彼此之间可以通过"网络"，互动信息，共享资源。而英语则是当今世界的通用语言。掌握了这门语言，我们就可以和整个世界对话。不管是做什么工作，多掌握一门外语都没有什么坏处，而且还会给你提供一些机会。虽然只有那些需要经常与外国人沟通，或者在外企工作的人们才需要具备可以与美国本地人相媲美的英语实力，但我还是想劝人们多学习英语。

不过，对于很多人来说，学习语言是一件很难驾驭的事情，常常觉得压力很大，这主要是因为很多人对自己的要求太高。其实完全没有必要把自己和那些在国外学习或生活过几年的人相比。

重要的是，树立我要学好英语的目标。然后再把目标具体化，如五年后我想在美国总部工作；两年后我想在没有导游的情

况下，去国外旅游；我想多读一些自己感兴趣的领域的外文专业书籍。具体计划好长期和短期的目标后，那么接下来要做的就是——行动！如果在种种理由下，还是感觉不到学英语的必要性，那么就果断地放弃学英语的负担，开始着手其他能够提高自身价值的项目吧！我还是要啰唆一句，要记住语言只是一种扩大沟通范围的交流工具而已。

外语实力可以在关键时刻发挥"杠杆作用"。通过问卷调查得出，有 56% 的上班族，选择了外语作为自我提升的途径。我们很难把一门陌生的语言变成自己的母语，掌握一门外语需要漫长而艰辛的过程。语言是一种综合能力，学好某一方面还是容易做到的。那么你学习外语的具体目标是什么呢？是听，是说，还是写呢？写出三种理由吧。

数字时代的业务管理

文笔优秀的人善于把心中的所感所想转变成文字，进而转变成行动，在目标管理、资金管理、人际关系管理等方面，他们都能表现出这方面的优势。

十几年前，电脑还未普及，只有少数人会使用电脑。上中学时，所有的作业都需要手写之后交给老师，所以只要写错一个字就要用刀清除钢笔字痕迹（当时修正液还没流行），如果刮破了纸，就得把纸撕掉，重新写一遍。还记得在上学时，用漂亮的字体给另一个学校的朋友写信，过了一两个月之后，如果在邮箱里看到了朋友寄来的回信，简直是最让我开心的事情，我会忍不住一遍遍地看。

对于我们上一代的人来说，在他们进入公司几年之后，电脑才开始一台两台地进入公司。那时像机房一样，只有必须要使用电脑的部门，才会得到特惠，拥有几台电脑。他们的上司，估计也因为不会使用电脑而承受过很大的压力。为了学会用电脑，不知道他们为此付出过多少努力。

而现在呢，网络遍布全球，世界就像一个布满脉络的地球村。对于用短信来完成所有对话的年轻人来说，沟通的另一种形式——文字功底和编辑文件的能力，不会成为他们的阻碍。但需要注意的是，随着电脑的普及，对文字功底的要求也会随之变

高。最近收到的简历或自荐信中，有很多错别字。对于自己的经历要么写得过于简单，要么就过于啰唆，通过简历根本无法得知他究竟想表达什么。这样的简历是很失败的。文字功底都自认为是"良"，但发过来的 Word 文件里，连大小题目都没有对齐，真不知道他们到底想强调什么。

你或许会认为"我的专业知识特别丰富"、"我的事业计划无人能比"、"我必定会成功"、"我的业绩不比别人差"等等，但这些无非都是你给自己下定的结论而已。文笔能力在工作中是很重要的，文字表达其实就是把"我"的想法和"我"的内心通过书面的形式表达出来。不管是一个小项目还是投资数十亿的大项目，从编写计划、写报告到真正开始实行，都需要制作许许多多的大小文件。而这些文件的撰写都需要文字来表达，既然是文件或报告，那么就要做到条理清晰、意思明确、通俗易懂等，这时就需要一个好的文笔。通过文笔，我们可以衡量一个人是否具有说服他人的能力。

例如，A 职员负责了一项 50 万韩元的小项目。具体负责的事情如下：公司内部要举行一次研讨会，需要用掉 50 万韩元的餐饮费。A 职员想，只是区区 50 万韩元的预算罢了，所以就没有放在心上，马马虎虎地只买了一些饼干和酒菜，剩下的钱买了酒和饮料。在报告文件上，只写了钱没有任何剩余，在研讨会上也只是说，就算缺了吃的喝的，自己也管不了，因为自己已经尽力了。

同样的项目交给 B 职员来做又是怎样呢？我们来看一下，她计划晚餐要准备五花肉和酱汤，还大概估计了一下宴会花几个小时，喜欢喝酒的职员有几名，喜欢吃饼干的人有几名，根据这个参数，买了相应数量的酒和饼干，甚至还想到，如果钱有剩余，就买一点在其他时间喝的咖啡等。她把需要购买的食品名目和价格，详细地写在本子上交给了上司。如果你是上司，你觉得这两个职员谁的文笔功底和策划能力更强呢？

刚开始上班时，就算只是负责处理50万韩元预算的不起眼的小任务，也要认真地做好。不积小流，无以成江海，将来要想拥有计划5亿、50亿以上的预算能力，那么就要从这不起眼的50万韩元开始。当然，这里最重要的不是徒有其表的文字或者是形式，而是文件的内容。因为内容是一面可以折射你能力的镜子。

所以，我们平时要注意培养正确表达自己的想法并能让人意识到其重要性的能力。比起一百个想法，一种能让人理解的正确表达更能打动对方。

文笔优秀的人善于把心中的想法转变成文字，进而转变成行动，在目标管理、资金管理、人际关系管理等方面，他们都能表现出这方面的优势。有时候，可以将自己一周的业务计划记录到个人手册里，随时确认；有时候，还可以把今天要买的物品清单记到本子里，防止冲动性消费。偶尔写一些卡片，送给周围的人，你的小小努力，都会给别人留下很特别的印象。

猎头顾问优先考虑什么样的人才（一）

几年前，了解猎头顾问这个行业的人非常少。但随着活跃在各个领域的猎头顾问人数的增多，以及个人和企业都能从中获益，人们逐渐开始了解猎头顾问这一行业。

猎头顾问或猎头公司都拥有各自的委托企业。其主要业务就是按照委托公司的要求，给他们寻找合适的人才。但有很多求职者会盲目地发来简历，说自己有多大多大的能力，要求猎头顾问给他/她找一份好工作。就算是求职者有非常突出的能力，但能按照其工作经历给他们找合适企业的猎头顾问，也可以说是凤毛麟角，当然也有一些例外，但非常少。猎头公司接受的是企业的委托，而不是求职者的委托，这一点要搞清楚。

所以猎头顾问喜欢的人才，是正好符合委托公司要求的人才。专业的猎头顾问一般都具备良好的识人经验，能够为企业提供人力资源开发的指导性建议及推荐优秀的人才，因此企业要委托猎头公司，也需要一笔很大的费用，但是企业提出的要求也是非常苛刻的。不同的企业，不同的经营领域，对人才会有不同的要求。但猎头顾问们统一认可的"优秀人才"的条件却是一致的。让我们了解一下其中的"客观性条件"。

客观条件优秀的人才

从书面上可以看出来的客观性条件包含在简历上的所有项目中。

学历

每个委托公司对学历或毕业学校的标准有所不同。

因为业务的需要，有的公司要求是 MBA 或博士学位，有的公司则要求毕业于名牌大学，而有的公司却更重视所学的专业。

但是毕业学校或最终学历并不是招聘时的决定性条件，有时还会考虑其他的限制性条件。例如，虽毕业于名牌大学，但年龄偏高或离职频繁，也会被企业拒绝。

年龄

委托企业会根据所招聘的业务类型的领导或职员们的年龄，来划定应聘者的年龄范围。

例如，要招聘科长职位的人才，考虑到副经理 38 岁，助理 32 岁，他们就会要求应聘者的年龄在 33～36 岁之间。在适当的年龄有着合适职位的候选人，也就是说别人毕业的时候他也毕业了，别人当科长的时候他也当过科长，别人当部长的时候他也当过部长的人，是让猎头顾问最能安心的。

离职次数

前面也说过几次，企业对频繁离职的人没有多少好感。就算学历再高，在著名企业工作过的经历再多，但以一年或两到三年为标准，总是跳槽的人，对用人单位来说，毫无魅力可言。

是否有空白期

一直在某个领域里工作，但最近已在家休息一年以上，或目前做的工作与自己之前的工作经历无关，这种情况的人很难通过猎头顾问找到适合自己的公司。再次强调一下，通过猎头顾问搜寻人才的企业，他们提出的要求是非常苛刻的。没有空白期的人，不断自我开发的人，他们的简历会更加吸引猎头顾问们的眼球。

Improving Your Value in Twenties
20 几岁，决定女人的职场身价

第三部分
备受猎头公司青睐的履历管理战略

结束学生生涯，涉足社会之后，很多人都会失去客观分析自我人生道路的能力。他们时常感觉到，似乎只有依靠投机取巧的方法才能在激烈的竞争中赢得胜利。无法承受自己落后于朋友的现实，焦躁不安地想让自己的付出立马得到回报，这些心浮气躁的状态把自己压得喘不过气来。

如果在没有规划好的人生道路上盲目前行的话，人生道路必定会充满了艰险崎岖。克服人生中的各种困难，历尽千辛万苦爬到人生的顶峰后会反问自己，自己走过的路到底是为了什么，自己当初的选择是否正确。或许有些人会懊悔自己当初的选择，也因此失去了奋斗的激情。但是，如果连这点经验都没有的青春，那就没有读这本书的必要了。这样的说法是不是有点过激了？但不管怎样，这都是事实。

即将到达目的地的时候却丧失了斗志，差不多要得到比较满意的结果时，却犯了一些低级的错误，这些往事又重新浮现在眼前。这一过程，我们称之为成长之痛。人体骨骼的生长，一定会伴随肌肉的成长。而我们的身体在生长过程中，却感受不到任何的成长之痛，这不是件很奇怪的事情吗？倘若你在人生的旅途中迷失了方向，不要犹豫，立刻行动起来寻找正确的方向。当然，迷失方向是一件让人十分畏惧的事情，但我们完全具备克服这一问题的能力和机会。

这一章节我们要了解，在人生旅途中寻找只属于自己的"人生理念"的女性们，她们有什么共同点。成长之痛是因人而异的，但是克服这些痛苦的方法却有相似之处。现在，就让我们来感受一下这些相似之处吧。

机会总降临有准备的人

也许上帝会嘲笑我们人类，因为许多人一次又一次地错失了最好的机会。

如果你是一个有远见的女性，就和我们一起来制订一个可以牢牢抓住机会的职业规划书吧。

不管是第一家工作单位还是跳槽后的单位，一旦进入到集体中就需要得到人们的认可。如果以"找到工作就万事大吉了"或"只要拿到工资就行了"的心态去工作，那么你只能成为不受欢迎的员工。当所有人都在努力向前迈进的时候，你却在原地踏步，又怎么能融入到公司的团队中去呢？在激烈的人才竞争中，并不是让你以排挤他人的方式升到更高的位置。不使用排挤他人的方式也能强化上升的机会，并不是在决定离职的一瞬间形成的，而是在进入一家公司的那一瞬间开始用自己的努力创造出来的。

若想在未来的某一瞬间，成为备受其他企业青睐的知名人才，就要从现在开始为十年甚至二十年后的未来做好计划，并把计划——付诸行动。

我们的一生可以分为三个时期：首先是受父母或家庭环境影响的学生时期；其次是拿工资为公司效力的员工时期；最后是经营自我的隐退后的时期。而在员工时期，所要做的工作即是为未来的自身创业积累各种信息和专业资料，或同未来的客户构建良

好的人脉关系。

在职场生活中，如何才能让自己成为顶级的知名人才？现在，让我们一起来思考实现这个问题的途径。

对于初入社会的年轻人来说，最大的喜悦是能靠自己的能力自力更生。用自己挣的钱买菜、买衣服，并把剩余的钱存入银行，这些都会让年轻人感到十分满足。但是这些满足感不会持续太长的时间，因为我们所要面对的现实世界远没有我们想象的那么简单，相反，需要面对的问题很严峻。大众媒体频频报道的"老龄化"等问题，是摆在我们眼前最为严峻的社会现实。若想五十岁之前能够顺利地退出工作岗位，就要从现在开始为五十岁以后的幸福生活制订完善自己的计划。因此，你现在所做的一切，直接决定了你未来的老年生活是安详，还是漂泊不定。

我们喜爱的电影中，有些是通过跨越时空回到过去的某一瞬间，改变曾经做过的决定或曾经结交的姻缘，从而最终改变现实结果的电影。我们现在的某一个抉择和行为，有可能会成为未来某一瞬间后悔莫及、想要改变的抉择和行为。因此，为了明天不再为今天的所作所为后悔，我们现在就要拿起笔，做好人生的规划书。

25岁～30岁，自我发现期

对自身长处和短处、优点和缺点的了解，仅仅通过学校的专业学习和教养课程是远远不够的。因为在学生时代，会同自己喜欢的朋友一起做一些自己愿意做的事情，而步入社会以后往往要和自己不喜欢的人一起做一些自己不愿意做的事情。过去从未从事过的陌生工作，或许会让你感到莫大的喜悦，也可能会让你完全失去信心。好不容易进入大企业从事人事的工作，却突然发现自己对业务或市场销售更感兴趣，从而内心充满矛盾。又或许会发现比起业务工作，自己对企划工作更有信心。在步入社会以后的五年至六年的时间内，要尽可能地让自己挑战更多的工作，从而寻找到自己在未来的二十年岁月里所要从事的工作，并且培养自己的能力。

这一时期，不仅是要在工作中建立自信的时期，也是通过与社会各界人士的交流形成人脉关系的最基本框架的时期。因为实力超群，从而凭借个人的能力顺利完成一切工作的人是不存在的。大部分人，都需要通过与其他人合作获得业绩。分析与公司同事、上司或客户的交流，并逐渐形成自身的特点，我们可以明确知道自己同何种类型的人共事时才能发挥出最大的能力，同何种类型的人在一起工作时效率会降低。通过自己的上司，我们还可以想象十年后的自己要具备的管理态度。

🦋 30岁~35岁，品牌人生的构建期

在过去的五六年时间里，你或许一直供职于一家公司，或许已经跳槽了两三次。或许你最初选择的业务工作非常适合自己的

兴趣爱好，在过去几年的时间里获得了显著的业绩，或许从业务、企划到市场销售不断地变换工作。如果你已经认真思考过最适合自己的工作，就有必要在这一时期确定自身的发展道路。在这一时期，需要对自己提出"我要为一家企业做出何种贡献""发挥出自身的优点从而获得何种成果""直至今日从事的业务中，哪些是倾注自己一切精力发展壮大的业务""如果有必要加强的部分，需要做出何种努力"等更为具体的问题。

度过了比起影响他人，更容易受到他人影响的初涉社会时期之后，大概就能知道自己要同何种类型的人建立人脉关系才是最为理想的选择。而这时期建立的人脉关系，能维持一辈子的概率非常高。如果是明白人脉关系重要性的人，就会把这一时期认识的人一一加入到自己的网络数据库里，并加以管理。这里的"管理"一词，可能在有些人眼里具有贬义，其实只是想提醒你，维持人际关系也是需要付出"努力"的。

四年前相识的 K 会计师，直至今日，每天都向自己数据库里的人们发送写有业内消息的邮件。如果向一千个人发送邮件，起码会有 20% 的人会认可他的真诚和努力。而这些认可他的二百多人，即是 K 先生最大的财富。

🦋35 岁～45 岁，经营理念积累期

到了 35 岁至 45 岁这一时期，你就应具备领导一个组织的基本能力。需要不断推出新颖构思的 IT 领域，35 岁以上的CEO

们已坐在了企业领导的职位，带领企业不断向前发展。同中小企业相比，大企业也会要求刚过 40 岁的部长级管理者具备带领一个大团队的领导能力。因此，这时期需要在原有"自身品牌"建构的基础上，进一步培养、建构"我们的品牌"的能力。若想领导一个团队向前发展，仅仅靠原有领域的专业性是远远不够的，需要具备财务、营销、销售等公司运营过程中所需的多方面知识，以及激励所有成员前进的管理能力。

组织管理能力是决定人生最后三十年的重要因素。试想一下，一个人从工作岗位中退下来以后有了自主创业的想法，但是一个企业实现盈利目标，成为"成功"企业的概率是很小的，能维持正常营业的概率也并不高。因此，如果计划以后创业，我们必须在 35 岁前，积累专业知识、人才管理能力、财务管理能力等以组织管理为目的的经营者的素质。

也许上帝会嘲笑我们人类，因为许多人一次又一次地错失了最好的机会。在远方的某处躲藏着机会，我们却认为那个机会不会光顾自己，这种想法让我们一辈子都不曾牢牢把握住本可以拥有的机会。但是我们现在拥有防止与机会失之交臂的秘方，那就是制订只属于自己的工作计划书。一个计划和准备着未来发展的人，必定会超过那些只懂得盲目前进的人们。如果你是一个有远见的女性，就和我们一起来制订一个可以牢牢抓住机会的职业规划书吧。

现在的工作，是"钓"到未来合作者的诱饵

"能够通过把握和分析自己，提高工作能力的人。"这是某家著名的上市企业在招聘广告中强调的应聘者应具备的条件。很多人在进入一家公司以后，便开始对自己所处理的业务持有不满情绪。我们时常会看到，那些初入社会的年轻人为了提升自己的竞争力，不仅取得了各种资格证书，还认真学习了英语，最后却因为在公司里要负责的业务只是制作文件或复印等极其简单的工作，辞去了"毫无前景"的公司职位。

在一起工作之前，很难了解到新员工具备何种能力。即使因为人手不够而录用了员工，公司也不会立即把重要任务交付给新员工。不管是哪种公司，都需要一段新员工和老员工之间的磨合期。企业之所以要强调"创意性人才"，也是希望员工们能主动寻找各种工作，创造出原定任务以外的成绩。

如今，可称得上"铁饭碗"的工作不多见了。因此，即使找到了工作也要不断加强自身的能力，不然会远远落后于社会的发展潮流。在这种背景下，我们首先要判断的是我们所要担负的工作，是否值得我们付出毕生的精力和热情。与其一开始就对自己的工作充满不满情绪，不如观察同一部门的前辈们或同一领域前辈们的发展情况，以此来判断自己选择的工作是否适合自己，是否可以长远发展。若判断出自己目前从事的工作没有丝毫的前途，就要果断选择跳槽或转换工作领域。如果认为是有前途的工

作，就有必要考虑如何通过不断扩张自己的业务范围，来提高自身的工作能力。即使目前的工作范围有一定的局限性，也一定要为创造出最大的成果坚持奋斗。因为，目前创造出的成果，就是可提高未来自身价值，并吸引"未来合作者"的诱饵。

人生就像是马拉松赛跑，没有必要为未获得眼前不值得骄傲的成绩而灰心丧气。"笑到最后的人"才是真正的胜者。若不想让自己的人生留下任何遗憾和悔恨，就要不断地挖掘出"眼前"的价值，并把所有的精力投入到收获这一价值的过程当中。理想不付诸行动就等于是虚无缥缈的梦，如果只是一味否定"眼前"的一切，而一心憧憬未来的美好生活，你不仅没有任何收获，还会在人生道路上留下无限的悔恨和遗憾。

用极高的专业能力，克服了逆境的 T 和 B

对于在短时间内频繁跳槽的 T 科长来说，其核心竞争力便是他所具有的品牌商品的市场销售能力。他坚信只要是自己接手的品牌，都会在市场上得到最高的认可。他通常会对产品和服务做最彻底的分析和研究，从而获得最为理想的成果。T 科长最得心应手的工作就是推动新品牌的上市。因此对于他来说，每一次的跳槽并不具有消极意义，而是为打造一个新品牌的不断挑战。也正因为如此，频繁的跳槽对他的工作没有丝毫影响，反而让他的工作能力得到了更多人的认可。

只有高中学历的 B 部长，其年薪已经突破一亿韩元大关。从高中时期开始，他就对数据库管理程序十分感兴趣，并认真学习了相关知识。在参加工作以后，只要有机会接手相关项目的工作，他都会为此倾注全部心血，获得最佳成果。正是这些付出，让他得到了大容量数据库管理相关企业们的认可，并成为这些企业想方设法要聘请的头号人才。

我们要经常问自己，我们担任了什么样的工作？创造出了什么样的业绩？这值得我们认真思考一番。从现在开始，我们要全心致力于眼前的工作，创造出最为理想的成绩，并以此来吸引我们未来的合作者吧！

热情工作、果断抉择、孜孜以求

曾经读过一本名为《坚持背叛，让你的职场生活更为愉快》的书，书中的内容引起了我强烈的共鸣。该书阐述的，并不是让你在职场生活中背叛自己的公司，而是让你在公司里掌握更多的信息，然后把这些信息变成真正属于自己的东西。在这一过程中，你会在公司内部得到极高的评价，会被公司认可为对工作充满热情和上进心的顶级员工。而且，即使离开公司选择了另一种人生道路，你所掌握的这些信息也会对自身的发展有着很大的帮助。

为了提高自身的能力，学习 MBA 课程或参加英语学习班也是非常重要的。但是，能一边让员工拿到工资，一边又教给他们很多知识的学校就是公司。如果为了退休后三十年的安逸生活，在 50 岁的时候创办一家公司，这才开始学习会计、营销、产品推广等，那肯定为时已晚。因此，最好的办法就是提前在自己所在的公司学到这些知识，然后为己所用，为以后的创业打下坚实的基础。

每一家公司都有值得我们学习的地方。不管是大公司还是小公司，也不管是拥有雄厚资金的公司还是连工资都无法按时发放的公司，只要是一家公司，其运营都需要经历无数次的试验过程。

对刚踏入社会的年轻人来说，他们没有多余的精力了解公司的运营过程和各个部门的职能。光是应付不曾经历过的工作压力、同前辈或同事们建立人际关系，就足以让他们忙得晕头转向。但是一旦熟悉了公司环境和工作内容以后，就有必要关注公司内部的运营情况。而且直至三十五岁以前，我们还肩负着明确自己真正喜爱的工作、培养某一方面的能力以应对未来二十年职场生活的任务。为了完成这一任务，我们就要从公司内部、同事和前辈的身上，学到更多的经验和专业知识，掌握更多的信息。

NO！ ....

错失提高工作能力最佳机会的J

　　H部长还记得一年前面试会上见到的J小姐。当时，J小姐认真讲述了自己通过多年的广告策划工作，与各个媒体结交了良好的合作关系，并具有以有效发挥广告效应来提高销售额的工作能力。这一能力，确实比其他的应聘者更吸引面试官们的眼球，最终面试官们决定聘用J小姐。虽然J小姐的工作经验只有一年，但面试官们一致认为以她的工作热情，一定有能力不断扩展自己的工作领域。

　　但是一年以后的今天，当初的面试官们都十分后悔当时的决定。他们认为当时高估了J小姐的工作热情。每次H部长为J小姐安排广告以外的宣传战略，她就会马上表现出"我只熟悉广告领域，从来没有接触过其他领域的工作，而且其他领域的工作也不属于我的工作范围之内"的消极态度。

　　H部长本希望J小姐能在广告、宣传、设计、市场销售等多个领域，以更宽阔的视野不断扩大自己的工作范围，并对工作持有更多的热情和上进心。只要J小姐愿意，公司不仅可以为她提供个别的教育课程，还可以不断对她的工作给予最大的支持。但事实是J小姐本人不愿意扩大自己的工作领域，那么公司也无法执意让对方负责重要的工作任务。

H部长最终决定，缩小J小姐的工作领域，引进其他人员。J小姐限定自己工作领域的行为，最终也断送了自己的美好前程。

· ·

你一定听过"盲人摸象"的寓言故事。摸到大象肚子的盲人认为，大象像"平坦的墙壁"；摸到大象鼻子的盲人认为，大象像"一条蛇"；摸到象牙的盲人认为，大象像"锋利的矛"；摸到大象尾巴的盲人认为，大象像"一根绳子"；摸到大象耳朵的盲人认为，大象像"扇子"；摸到大象腿的盲人认为，大象像"一棵树"。摸到大象的不同部位，盲人们的结论是不同的。因此，一名员工单凭自己所处的部门和自己负责的工作，是无法正确判断出公司的具体情况的，并且也无法了解到自己存在的价值。

因此，我们要以自己负责的工作为核心，掌握同自己负责的业务有直接和间接联系的工作运行机制。如果是负责营业的部分，就要积极同开发部门的同事交流沟通，了解产品开发的方式和目的。此外，应认真思考能否完成营业目标，以及会对公司的财务状况产生什么样的影响。一开始是无法掌握所有信息的，我们不能过于急躁。只有与同事进行更多的交流，了解其他部门相关的数据和文件、公司发布的年度计划书等，才能真正让这些信息成为自己的知识。

财务、营业、市场销售、企划、开发等各个部门的信息，会在未来的自我经营时期发挥重要作用。而这里所说的信息，并不是指收集在电脑里的资料，而是指自己真正掌握到并能运用自如的知识。

打造美好未来的捷径，就是与能给予自己帮助的人们建立良好的人脉关系。有时候，单凭人脉关系，就能断定这个人的人生成功与否。而这里所谓的"良好的人脉关系"，并不单单指与对方打招呼、记住对方长相等程度上的关系。而是指当我们遇到困难的时候，肯站出来助我们一臂之力的关系。

DISC 行为测试或 MBTI 性格测试反映出的人类的各种行为和性格，有助于我们深入了解他人。因此，以建立广泛的人脉关系为目的，了解自己属于哪一类型、会与哪一类型的人出现不合、又会与哪一类型的人志同道合创造出好的结果，都会成为我们顺利开展社会生活的基础。而且，青年时期的心态有可能在社会生活中发生转变。眼前无法接受对方的态度，也会随着时间的推移慢慢理解。只有尽早明白了这些事实，我们才能减少与人相处时受到的很多压力。

因与上司不合，一气之下想辞掉工作的时候，不要冲动，要心平气和地考虑一下上司的优点和缺点。找出上司的优点，让自己也拥有这些优点；找出上司的缺点，避免自己犯下同样的错误。我们要下定决心，通过这些努力和智慧，让自己最终成为比上司更为成功的人。而这时候你会发现，上司的人生显得如此可怜。

拓展业务、建立人脉关系，这一行动终究会在某一个瞬间进入饱和状态。我个人的目标，并不是比别人处理更多的业务，而是与更多的人建立人脉关系。若想不断提高自己的业务能力，那么就要建立更为深入的人脉关系。

同自己一样计划着未来的同事们，想从我们身上抢夺某些东西的时候，我们要甘心为他们贡献出自己的经验和知识。你应该这样想，我比他们更有创意，即使把自己的业务交给对方，并共享自己的人脉关系，我也能创造出超过对方的业务领域和人脉。

世界上最珍贵的"宝石"是经验，即是在工作现场亲身体验各种工作；在业务会议上结交各种人物；在提高自身能力的课程研修中结交有共同目标的人；完成极其艰难项目的过程中经历的失败和挫折。一个聪明的女人，绝不会错过社会免费为人们提供的各种经验。二十几岁的女人们，让我们积极主动地发出挑战吧！我们要铭记，经验即是成功的代名词。

制订出一生的职业规划书

如今的我们，似乎把所有的注意力都集中在了眼前的就业、跳槽及自己负责的业务上面。但有时会质疑自己的做法，并感到无比的空虚。只看着前方汽车的保险杠，去刹车或是踩油门，就会逐渐对驾驶产生厌恶感，最终会选择放弃驾驶。但是，如果把眼光投向未来，事先掌握必经之路的路况后驾驶，不仅能消除急躁心理和疲劳感，还可以悠闲地享受音乐。

人生也是同样的道理。只顾及眼前的情况，就会很容易失去整个人生的方向。如果前面要走的路还有五六十年，就有必要时不时反省自己是不是走对了方向。也正是在这个意义上，我们在年轻的时候就有必要为自己制订一个一生的职业规划书。

据统计，高中学历者步入职场的平均年龄是25岁，大学学历者则是26岁。而根据最近的调查显示，韩国四年内大学本科毕业的学生人数在逐渐减少。因此，预计大学学历者步入职场的平均年龄也会随之推迟。目前员工的平均退休年龄是56.8岁，一般工作岗位的平均退休年龄是54岁。然而事实上，除非是自主创业或从事服务行业，否则其他一般工作岗位的退休年龄是45岁以上。因此，我们也以这个年龄为基本前提，重新整理一下我们的人生旅程。

15 年　　35 年

0 岁→30 岁→45 岁→80 岁

收入　　支出

当我们把人的 25 岁～30 岁视为反复试验的阶段，那么 30 岁以后才算是真正进入职场，也就是说通过职场生活拿到工资收入的时间只有十五年。45 岁以后，剩下的三十五年人生里就只能靠此前十五年的积蓄维持生活，这时，财务上只有支出没有收入。

我们这一代人，步入职场的时间推迟，退休时间提前，隐退时间也延长了，诸如"老龄化问题"等在不断地凸显。在一家公司里工作一辈子，退休以后拿着退休金，勤俭节约过老年生活的人已基本不存在了。只有 1% 至 2% 的人的老年生活有真正的保障。

随着每周五天工作日的推广，很多公司的员工们开始享受闲暇时间的娱乐活动带来的生活乐趣。那么，这些员工们在十五年的职场中又能攒下多少工资呢？即便到 45 岁为止，拼死拼活地工作后攒下了一笔钱，并用这笔钱开了一家饭馆。但这小饭馆不亏损、维持正常营业的概率又会有多少呢？这些看似是离自己很遥远的事情，却会在一眨眼之间成为我们要面对的现实。因此我们要思考，怎样才能把有收入的时间从 45 岁延长到 60 岁。

第一期 第二期 第三期 10 年

0 岁→30 岁→45 岁→60 岁→70 岁→80 岁

收入　　收入　　维持　　支出

第一期：寻找适合自己的专业领域和培养专业能力的时期

这一时期，最基本的就是以旺盛的精力了解组织体系，积攒相关领域知识，除此之外，就是牢牢掌握可成为第二期二次收入基础的项目和专业知识。不管在哪种公司工作，主动提高自身专业能力的种种努力，不仅有助于第二期的发展，还可以建立获得公司认可的积极态度。刚进入公司的时候，肯定会用很多时间专心投入到自己负责的特定工作当中。但是随着经验的积累，要涉及的业务范围也会逐渐扩大。我们要努力积累营销、销售、企划、财务、生产等公司运营所需的多个领域的知识。而这些努力，会赋予你更受公司认可的机会。

这一时期积累的所有人脉，会成为第二期发展的重要基础。能否处理好人脉关系，会直接影响到以后自己创业时工作业务中的客户管理，因此要尽可能多地与业务上的人们建立更为深入的关系。不断摸索与除同事或同学以外的人建立人脉关系的方法，从而建立起持续的纽带关系。

第二期：把自身的专业性和人脉关系转化成具体的业务

第一期建立了多少人脉关系，以及如何具体地制订和实施了第二期需要的工作计划，决定着第二期要进行的业务形态。

三十多岁的 Y 在 A 企业工作。在长达十年的海外营销工作中，她与国内的制造公司和海外客户建立了良好的合作关系。她的 45 岁时的工作计划，是为各种企业提供咨询业务，尤其是那些想进军海外市场的中小企业。一旦制定了目标，达成目标所需的各种事项——呈现在眼前。断定自己的学历不足以从事咨询业务以后，Y 已着手准备研究生入学考试。同时，她还——取得了从事咨询业务所需的资格证书。而她之所以选择了跳槽，是因为她需要在剩余的五年时间内，在规模更小的企业里学习经营的全部知识。

以我的情况来分析，我是在 45 岁之前进入了第二期。选择猎头行业以后，即使不能工作到 60 岁，也可以工作到退休年龄以上。为确保写作等相关领域讲课活动的质量付出更多努力，也是为了更加安逸的老年生活而制定的目标。

在第二期，我们要摆脱只为工作而工作的狭隘心态，重新制定人生的目标，加深与家人和朋友们的关系，并巩固老年生活所需的深厚的人脉关系。

而第三期和第四期是维持和稳固的时期，即享受三十来年积累下的人脉关系和人生价值，并把这些回馈给社会。

克服跳槽的畏惧心理

我们需要狠下心来勇敢面对这一切。
通过跳槽获得的挑战价值以及不断上升的事业，
能带领我们走进超乎一切"安逸生活"的美好世界。

对于频繁跳槽的人，不管其原因是什么，面试官们都不会给他们打高分。频繁跳槽的经历很容易让面试官们认为，对方是为了更高的薪水而频繁跳槽的人或一旦遇到困难就会选择逃避的人或到哪个公司都会让其倒闭的扫帚星。但是，如果不想像候鸟一样每年换一次工作，就有必要认真思考一下每次跳槽带给我们的好处。

在一家公司里工作四五年时间后，就会非常熟悉公司的业务，开始感觉到工作有点力不从心，很难像刚开始那样尽心尽力，也很难提出独特的创意。每当同一时期进入公司的同事们想跳槽的时候，自己就会告诫对方不能没有耐心或忠告对方跳槽完全是草率的决定，如果一旦得知经过几次跳槽的同事，其年薪已远远高出自己后，就会开始烦恼自己是不是也要选择跳槽。

很多成功人士，都有过被赶出公司的经历。当你因为全心效忠的公司倒闭，一瞬间迷失了前进方向时，或在所在的公司里，无法再为不断拓宽业务范围而提出独创性创意的时候，或者自己的价值观无法接受公司选择的发展方向时，再或者几年里年薪一直没有增长的时候，我们就要认真地思考一下是否要选择跳槽。与其每天忙得晕头转向，没有自我思考时间，只是无助地一点点丧失信心，不如趁年轻多经历一些失败和挫折，从而不断磨炼自己，让自己变得更加强大。

🦋 果断选择跳槽，并做好充足的准备

需要铭记在心的是，我们在选择跳槽之前，首先要回答"我是真心渴望跳槽吗？如果是，原因又是什么？"即跳槽的目的。

在公司工作的重要价值有四种。第一，自己所在公司的发展目标，是否与自己的发展目标相一致，从而有助于自己的成长？第二，公司内部的人脉关系，即与上司和同事建立的深厚感情，是否有助于自己的成长？第三，在具有稳定的财务状况和知名度的公司里就职，是否有助于自己未来的发展？第四，虽不多，但也不亚于其他公司的年薪，是否有助于自己为保障未来生活所做的经济预算？如果在这四种价值中，没有一个符合你所在公司的情况，你就要勇敢地寻找新的机会。

但是这时你要记住，绝对不能直接递交辞职信。因为一旦跳槽成了一个目的，就很容易失去判断力。无论什么理由，如果下定决心跳槽，就要制订一个完整的计划。但一定要杜绝先递交辞职信，而后边玩边找下一个工作的想法。不管是三个月还是六个月，要给自己充足的思考时间，认真分析自己不满意的是什么，而真心渴望的又是什么。

即使眼前的情况逼着你立即递交辞职信，你也不能感情用事，而是应先认真考虑一下自己有没有信心不后悔这次的决定。如果在三个月以上的空白期内仍能保持正确的判断力，可以勇敢地提出辞职，思考下一阶段的发展。同时，还要事先考虑一下，在长达几个月的空白期，自己是否有足够的资金来支撑生活。因为在没有资金支撑的情况下，以忐忑不安的心情找下一个工作，就会很难保持正确的判断力，很有可能在不到几个月的时间里重新跳槽。

不管是新人还是有经验的人，他们的求职心得是一样的。挑战新的工作岗位，若没有充足的准备，后悔的可能性就会很大。有经验的人比起新人会更确知自己所渴望从事的产业领域和企业类型。因此，会用更加积极的态度挑战新的工作岗位。虽然在前面已进行过论述，但我们再来简单整理一下跳槽之前要做好的准备事项。

第一，把所有情况都整理到数据库里。首先问自己渴望在什么类型的企业就职？企业类型有大型企业、中小型企业、风险企业、外资企业、海外企业等等，我们要安排各类企业的优先顺序。其次，在金融、消费品、IT·通讯、半导体、娱乐、电气·电子等多个领域里，适合自己的产业领域是什么？是要持续提高对目前业务的专业水平，还是要转换工作领域？如果你对上述问题已经有了答案，就着手进行整理工作吧。把企业类型、工作领域、公司名称、公司网站、人事部联系方式、简历受理期限、是否可以电话咨询等资料，一一整理到数据库里。

第二，要掌握更接近企业招聘计划的方法。数据库整理工作结束以后，应开始了解各个企业的招聘计划。通过招聘·求职网站、猎头公司，以及较感兴趣的企业网站，以企业分类的方式，整理出当前招聘的工作领域及其招聘公告发布者的信息。

第三，要分析企业。在渴望进入的领域中，首先要找出目前正在进行公开招聘的企业信息。通过电子公告系统、中小型企业信息库、中小企业协会、中小企业振兴公团以及网上的公开资料等方式，充分收集公司的各类有关信息。

第四，以分析内容为基础，制作出适合招聘公司的简历。到这一阶段，你已经充分了解了自己渴望进入的企业和部门，以及各个企业所需的人才及希望他们发挥的作用。因此，根据这些内容，我们要重新制作适合应聘公司的简历。也就是以应聘公司的业务为重点，根据公司的不同，制作出不同的简历。

通过这样的准备，决定好要加盟的公司以后，就开始思考这样的问题：我曾担任的工作会由谁来负责？曾经感情甚好的同事们会不会感觉到背叛？如何向上司或人事部递交辞职信？这些顾虑，很可能让你辗转反侧，无法入睡。但是，如果你是经过认真的考虑后才决定跳槽的，那么就一定要记住这些烦恼是完全没有必要的。

同时，还有一点要铭记在心，公司绝不会因为你的离开而倒闭。当然，站在公司的立场来讲，一名员工的离职会造成短时间内费用的增加，还要处理招聘新人等各种问题。因此企业会尽量拖延员工离职的时间，并以各种理由说服员工。如果某个人提出辞职的时候，公司丝毫不会挽留或惋惜员工的离开，只能说明这个人在公司的表现实在是不尽人意。

但是，如果在公司的挽留和说服下你放弃了跳槽，那么当初你就不应该有跳槽的想法。因为，公司不会再像从前那样信任一个曾决心要离开的员工。很多情况下，因公司的挽留重新留下来的员工，坚持不了几个月最终还是会选择离开，而之前好不容易才通过面试的企业，早已录用了其他人。

总是以我的立场考虑，并指点着我前进方向的前辈，曾说过这样一句话：

"不要以为你的离开会给公司带来重大的灾难，公司仍然会维持正常运转。一个公司的体系，不可能掌握在一个人的手上，所以你不用再担心了。"

如果真的为公司考虑，就要在跳槽之前开始制作详细的工作记录，从而让后来代替自己的人在短时间内熟悉业务。同时，要整理好每一个文件夹，让其他人一看文件名就能知道里面都有哪些参考资料。上司喜欢的下属类型，通常是那些时刻报告现行工作进度的下属。如果从考虑跳槽的那一刻开始，认真做好离职前的准备工作，让公司不会因自己的离开而受到任何影响，那么在递交辞职信的时候，你就能理直气壮一些。

断送了绝佳机会的 M

有五年工作经验的 M 小姐在 T 公司工作了六个多月。有一天,她收到了猎头公司的通知。据对方说,一家大型企业在招聘像 M 小姐这样从事过开发领域工作的有经验的人才。对方称,以 M 小姐的学历和经验,完全可以胜任这一职位。其实,M 小姐对当时所在的公司没有多少感情,也未曾想过要待上很长时间。但是,也不太愿意去到另一家公司。首先,在一家公司仅仅待了六个月就选择跳槽,难免会成为自己履历表中的一个缺点。其次,考虑到与同事们的情义,怎么也要满一年再辞职才比较合适。最终,M 小姐在通过了前期筛选的情况下,放弃参加进一步的应聘流程,绝佳的机会也被其他人收入囊中。

但是,当 M 小姐在 T 公司工作满一年的时候,问题就出现了。随着 T 公司的财务状况不断恶化,曾与 M 小姐相知相伴的同事们,都一一离开了公司。这时候她才恍然大悟,开始联系猎头公司,但对方的回答是不知道什么时候会有招聘机会。最终,M 小姐失去了进入大型企业的机会,在无奈之下度过了一段漫长的空白期。

讲这个故事并非强调让你一定要把握住跳到大型企业的机会。但是,M 小姐如此精心管理"履历"的目的,无非也是为了进入大型企业或外资企业。当时大型企业的招聘机会正是 M 小姐梦寐以求的机会。然而，M 小姐却没有掌握好这其中的利害关系，最终自毁前程。

当我们为重新开始感到畏惧、为能否适应新公司环境而感到忧虑、为离开有感情的老同事而即将结交新同事而感到烦恼时，我们需要狠下心来勇敢面对这一切。通过跳槽获得的挑战价值以及不断上升的事业，能带领我们走进超乎一切"安逸生活"的美好世界。

尽早熟悉竞争模式

在如今的猎头市场中，最吸引招聘企业眼球的求职人员，是那些具有三至五年工作经验的代理级别的人才。而优先考虑代理级别人才的原因很明显。这些人才进入公司后，能立即投入到当前的工作中创造业绩，而且公司要承担的经济负担也比较小。可能有些人认为，只有那些在一个领域里创造优异成绩或专业性很高的人才，才能成为各个企业欣赏的对象。但事实上，能坚持两三年在一家公司里恪尽职守，不断积累工作经验的人，都可以获得企业的欣赏。要想成为企业欣赏的对象，一定要记住以下这几点。

第一，事先做好自我宣传和自我推销工作。

一家公司发布招聘信息以后，猎头顾问就会从采集到的数据库中挑选出符合条件的人才，并通过动员自己的员工或查找同一领域其他企业有关部门的信息，寻找最适合的人才。

但最优先选择的对象，还是猎头顾问手中的人才信息或已掌握的人力资源。因此，如果在一个领域里积累了一定的经验，就需要让世人知道自己的存在。我们要定期把详细的工作经历更新到履历表中，并从撕掉新人标签的那一瞬间开始，即使没有跳槽的需要，也要与能认真为自己进行履历管理的两三名猎头顾问建立良好的关系。这才是比较明智的做法。

第二，不要因为自己成了企业欣赏的人才而骄傲自满。

猎头市场的法则很明确，适者生存，不适者被淘汰，即只有各行各业的佼佼者才能生存下去。每一个招聘岗位的需求人数一般只有一名，因此通过各种各样的途径聚集到一起的应聘者中，只有最具实力的人才能被录用。适合招聘岗位的应聘者可能会有几十个人，其中不乏比我们更具经验和更符合条件的人，他们以更高的热情期待被企业选上。所以我们要认识到，成为企业欣赏的人才，并不能决定你最终是否会被企业录用。当应聘以失败告终的时候，我们不能只顾着垂头丧气，而是要更加努力提高自身的专业水平，牢牢把握住下一次机会。

第三，要牢牢吸引企业的眼球，但不要过于频繁地选择跳槽。

得到另一家企业的欣赏，从而选择跳槽的时候，其年薪或级别可能都会有所提高。因此，每一次的跳槽带来的年薪上涨，让有些人选择平均两至三年更换一次工作。如果一个人在 20 岁到 45 岁之间参加工作，那么在短短二十五年的岁月里能更换几次工作呢？或者说你想进入的下一个公司，能接受你多少次的跳槽呢？一般对于那些 35 岁升到部门经理级别，换过两三次以上工作的人来说，公司对这些人的信任度也会降低。所以，即使选择跳槽，其次数也要控制在一定范围之内。

而比起得到企业的欣赏更重要的是，应主动制订关于履历管理的计划。因此，我们要根据制作出的计划，谨慎行动。尤其是对那些在 20 岁的时候，为了寻找自我价值频繁跳槽的人来说，30 岁以后的每一次跳槽，都要经过长时间的充分考虑后再做计划，然后再把计划付诸行动。

第四，努力成为下一个被选上的对象。

当我们还是忠于职守的代理或科长时，会频繁接到猎头顾问们烦人的电话，但从某一刻开始好像所有人都约好了一样，再也没有烦人的电话了。其理由是我们升到次长或部长级以后，相同级别的录用率会显著下降。或者，我们从事的业务已经开始背离了时代的潮流。再或者，在我们还没有明白过来的时候，因年龄或履历管理方面的限制，已经被猎头公司踢出了局。

进入 35 岁以后，跳槽机会差不多也就剩下一两次了。虽然也可以选择在现任的岗位上尽忠职守，成为公司内部的高层管理人员，但是若想最后一次在能尽情发挥自己才干的地方展翅高飞，就需要培养能够领导一个组织的管理者的能力。

为更美好的未来不断努力的 Y

在每个人都梦寐以求的著名 IT 外资企业里，拿着高额薪水负责电路工作的 Y 女士，主动向我提出了咨询要求。她在电子邮件里表示，自己已向公司表明了辞职意向，并决定几个月后出国留学。查收邮件以后，我觉得这一决定并不十分明智，因此立刻接受了她的咨询要求。但是，交谈不到一个小时，我就被 Y 女士的勇气和对未来的理想所折服。

毕业于中上流女子大学食品营养学专业的 Y 女士，最初是在大企业担任数据输入工作。而当时因为工作量少，工资也少得可怜。但是在四年的数据输入工作中，她的输入速度和正确性远远高出了其他人。到了适婚年龄以后，为了结婚和育儿，Y 女士度过了四年的职业空白期。但即使在家忙家务事的时候，她还坚持学习英语，并通过阅读日报和在线信息掌握业内的趋势。四年空白期后，她重新回到了有关数据库销售的工作岗位，而后通过四年的努力，

将自己的业务领域从单纯的数据处理扩展到了营业和销售领域。

尽管有近四年的职业空白期，但Y女士具有四年数据输入和四年数据库销售工作经历，因此被全球顶级IT企业录用为电路营销人员。此后的八年时间里，她为了不落后于其他人而付出了很多心血，顺利地完成了自己的工作。然而，拿着不比别人低的工资，被众人羡慕不已的她，却不顾一切风险辞去了公司的职位，选择了留学之路。这到底是为什么呢？因为，她想在未来的四十年生活里，过上更有计划的生活。

其实在未来的五年时间里，Y女士依然可以在现任的岗位中创造出优异成绩，但是，她所指向的目标并不是五年后的未来，而是二十年后的未来。同时她认为，现在是学习经营理念和体验海外学习生活的最后一次机会，一旦错过了就再也不会有第二次机会了。因此，她勇敢地向未知的未来发起了挑战。这次决定将使Y女士经历两年多的职业空白期，但是她对未来生活的态度和热情，定会让她如愿以偿地成为优秀的经营者。为了两年后Y女士的回归，我也决定要与更多的企业建立良好关系。

当有些企业想挖走你的时候，你感到欣喜"噢，原来我这么有本事"的同时，也要感觉到"要制定出更为庞大的资产目录"的负担。因为，只有不断提高自身素质和业务能力，才能一直受到企业的青睐，成为每个企业都争抢的人才。而且"不断提高自身能力"，也能让自己更加积极主动地投入到工作当中。

🦋 离职前要处理好最后的工作

一旦心里有了辞职的想法，就再也不能安心工作了。按照惯例，辞职意向要提前两周或提前一个月以书面方式向公司提出来。而剩下的时间里，就要尽最大能力帮助公司挑选岗位的合适人选，并交接工作。对于离开公司的人来说，因为要调到条件更好或更有名的公司，所以对未来充满了期待。但是，对于依然留在公司的人来说，因为对方的离开，需要负责更多的业务或需要重新录用新人并进行培训，会加重工作压力。尤其是，当你调到条件更好的公司时，会给同一级别的同事带来心理上的矛盾，也就是说，你的离开会动摇军心。

对过去几年时间里一起同甘共苦的同事或上司，表现出最大程度的关怀和礼貌是非常重要的。因为，很多人以为离开公司以后，就不会同原来的同事们有多少联系了，但是，与过去同事们的关系，也许能给未来新人力资源的挖掘创造条件。

建立良好的人脉关系是职场生活中最重要的事项之一。对于初涉社会的年轻人来说，他们很羡慕上司拿着几本名片夹翻找的模样，在新买的名片夹里放进一两张名片。而不知不觉中拥有了几千张名片的时候，重新翻着名片夹，你就会发现尤其抢眼的一些名片，就是之前公司里的同事。曾一起工作过的同事们，也会随着经验的积累，升为之前公司里的管理者或在其他公司里担任着重要职位。每天一起吃午饭、晚饭，在同事面前展现自己多方面的能力，这样，有朝一日，对方处在可以评价你的位置上时能给予你好评，或者在你困难的时候可以给予你帮助。

我们要铭记在心的是，过去同事们对我们的印象，会在未来的几十年里作为一个标签跟随着我们。

在公司工作期间，留给同事们的良好形象，却很有可能因为辞职以后的错误行为，在一瞬间被毁掉。不管是什么公司，都希望录用富有责任感、工作认真，并具有合作精神的员工。不要以为提交了辞职书，你就会到全然不同的领域里工作，日后完全有可能因为业务上的联系，再次和以前的同事交涉碰面。对工作有始无终、忽视工作交接、对业务不够坦诚等行为最终会给原来的同事们留下"不诚实""不负责任"的印象。若有一天有人向以前的同事询问对你的印象时，他们很有可能会用最后离开公司时候的印象予以评判。因此我们要铭记，之前公司对我们的评价，会直接传到整个业内人士的耳中。

如果你是个有始无终的人，会被人们视为半生不熟的苹果。而社会不会等待苹果熟透的那一天，只会埋怨你的不足。我们要让公司因为我们的调职而感到惋惜。而为了实现这一点，我们必须对手上的每一项工作善始善终，即使自己吃亏也

要把自己的心血留给公司。这才是成为又甜又香的最高级苹果的方法，这也没有想象中那么难办。

因为在前一个公司里的臭名声，未能如愿以偿跳槽的 M

M 科长在过去八年的时间里从事半导体部件的营业工作，而且业绩较让人满意。当他考虑跳槽的时候，正好遇到了绝佳的应聘机会，并顺利通过了实务面试和理事面试以及与董事长的会谈。在他几乎认为自己已经合格的时候，人事部却通知他"您落选了"。

而后得知，正是在五年前的工作单位中饮酒的不良习惯，让他最终丢失了这次绝佳的机会。虽然招聘公司肯定了他想提高营业业绩的热情和他所拥有的高水平专业知识，但是他们断定不良的饮酒习惯对一个代表公司形象的营业者来说是不能容忍的。因此，M 科长最终落选了。

猎头顾问优先考虑什么样的人才（二）

就连男人也评价他很帅，说明他真的是非常帅的男人。人才也是同样的道理。被猎头顾问评价为最高人才的人，就是谁看了也会很满意的。世界的核心是人，最终是以人为核心创造价值、建立信任、确定人生的方向。正因为如此，"人"对每个人的影响都极其深厚。即使是一家企业，也有可能因为一个人才发挥出的能力，使得整个公司的工作气氛、业务成绩、未来的发展等变得截然不同。虽然一个人才的影响力看似微不足道，但是在一个企业里，正是这些人才聚集在一起才实现了赢利目标，保证了企业的持续性发展。

有些人才会格外吸引猎头顾问的眼球，即在能力、外貌条件、人格魅力、对工作的信心和热情等综合考评中得到高分的人。但是，如果要在这些条件中具体指出顶级人才必须具备的条件，那就是以下几点了。

清楚知道自己真正需要的是什么的人才

履历管理的主体是我们自己。而猎头顾问发挥的作用是，受到招聘企业的委托，按企业提出的人才要求为企业寻找并联系合适条件的人才。一个人的信息量有限，很可能会错过的招聘机会，正好可以通过猎头公司把握到，而且还可以得到针对这次机会的专业性指点。

对新的工作，没必要立即做否定或肯定的决定。而且对公开的机会，要进行充分的考虑以后，再获得详细的信息。如果抱着只是试一试也没有多少损失的心态接受应聘是不可以的。因为，招聘过程会花费很多人的时间和精力，所以需要自己做出正确的判断和决定。

而一旦决定参加招聘以后，就需要为了自己，也为了为自己投入时间的猎头顾问或招聘企业人事部门的负责人尽最大的努力。如果在与猎头顾问面谈的过程中，发现公司的气氛或发展方向不符合自己的理想，就需要立即把自己的这些信息明确地传达给对方，而后郑重地表示拒绝。而只有这样的人才，才会被猎头顾问牢牢记住，以后若有新的应聘机会，会将优先权给他／她。

认识到灵活应用人力资源重要性的人才

收到企业的招聘信息以后，猎头顾问们就会动员相关领域里现有的人脉关系，寻找适合其岗位的人才，或者向同一类型生产企业里的有关工作人员推荐招聘企业。又或者，从公司网站接收到的简历中和从猎头顾问过去收集到数据库里的信息中找出符合条件的人才。但不管是什么形式，如果与对方不是很熟悉或者是时间紧张，就会先打电话询问对方的求职意向，在详细了解现在的工作情况后，再向他介绍招聘企业的相关情况。

·求职者主动向猎头顾问发送简历的情况

对于每天都会收到几十份简历的猎头顾问来说，尽快把每个人的信息收集到数据库里是他们的工作任务之一。如果是具备了一定的基本条件（毕业院校、专业、离职率、空白期）的候选人，他们会尽量把信息收集到数据库中。而其中最抢眼的候选人，就是那些明确表达自己求职意向的人才。

并不是单纯地写"张三简历添加"，而是像"香港工作，从事业务领域；张三；电子产品生产"一样，作为邮件的主题或附件的名称把自己的工作经验和求职意向写出来。同时，邮件内容里要写明自己为何适合此职位，即使判断认为自己不适合这一职位，也要表示希望对方能在以后的招聘中与自己联系，最终写明自己关心和喜欢的工作领域。

对于求职者来说，表达这些意向也不过是多几行简单的文字。但是，对于每天要处理很多简历的猎头顾问来讲，这份简历会给他留下很深刻的印象。

·猎头顾问主动联系的情况

与那些决心要跳槽，主动向猎头顾问发送简历的人们相比，猎头顾问通过多个渠道主动向符合招聘条件的人才联系时，对方的反应可能是截然不同的。有些人会说"现在没有时间""您是如何知道我的联系方式的？""我没有想过跳槽"，然后直接挂掉电话。也有一些人是确认对方的姓名以后，为了以后得到更多的招聘信息，表示想与对方保持联系。简短地说明一下自己的计划，并表示以后有相同的应聘机会能给予联系的人，会给猎头顾问留下关怀他人、有明确计划和目标的印象。

在人生旅途中，不一定在什么时候会遇到什么样的机会。因此，我们与其一刀斩断缘分，不如与那些拥有丰富业内信息的人们，建立良好的人脉关系。

站在前人的肩上登上成功之巅

下班以后，你会和谁约会？男朋友？女朋友？公司同事？
成功女性每天晚上约会的对象，绝不会是同一个男人。
因为，即使是同一个话题，根据对象的不同，也会有不同的启发。

　　我一直认为自己是喜欢与他人交往的社交型性格，但是有一天从朋友口中听到了这样一句话：

　　"你的交流方式有问题。"

　　我的交流方式怎么会有问题呢？像我这样关心对方，努力站在对方的立场上考虑问题的人，交流方式怎么可能有问题呢？简直是一派胡言。

　　但是，那个朋友开始为我分析我身上存在的问题。他指出人与人形成关系的过程，需要三个阶段：第一阶段，第一次见面以后，开始互相认识，日后见面可以微笑着打招呼；第二阶段，像朋友一样，相互之间可以讲述自己的人生经历或现今存在的问题等，是可以开怀畅叙的阶段；第三阶段，通过持续的努力，相互之间传递最新的业内信息，有困难的时候可以相互帮助，即建立了真正的人脉关系。朋友指出，我虽然同很多人打招呼，也看似很亲近，但不管到了哪一个阶段，都不会敞开心扉，进一步付出努力。

　　直至三十岁后我仍未曾明白，为建立良好的人脉关系而付出的努力真正意味着什么。天下没有不散的筵席是理所当然的事情，而只要有缘分总有一天还会相逢，每次我都是抱着这样的想法，一一送走了身边的人。还记得刚从美国回来的时候，因为并不清楚韩国就业市场的具体情况，十分需要朋友或前辈们的帮助，却发现身边没有一个可以帮助自己的人。

身边拥有更多的好人，我们的人生会更加丰富多彩，对自身的经验发展或能力提高有更多的帮助。不要以为因为毕业于同一所院校，或是来自同一地区的老乡，就能形成良好的人脉关系。而是需要相信对方，真心地关怀对方，并为维持这一份缘分持续努力，对方便会在未来的某一瞬间向我们伸出援助之手。

开始职场生活以后，遇到的首要困难，就是如何同那些与自己有着不同思考方式、不同视角、不同习惯的人，建立起纽带关系。如果你是女性，相信都会有这样的经历。和自己同一时期进入公司的男同事们，很容易在酒席或吸烟室里拉近与上司或同事们的关系，但是作为女人却很难融入到男性群体当中，因此感觉自己变得越来越渺小。如果你梦想着成为有能力的职业女性，并希望从新员工升到公司高层，与男同事们并肩作战且最终在竞争中赢得胜利，你就必须摆脱掉消极和被动的心态，学会主动靠近他人。而这其中难免要经历失败，而且也会因为某些人受到伤害。但是在这一过程中，失败次数会逐渐减少，同时你会逐渐掌握选择能帮助自己的人的能力。

🦋 交换名片是业务来往的第一步

印着公司标志和自己名字的名片，是初涉职场后向第一次会面的人介绍自己的基本道具。但是，与某人会面时能落落大方地向对方递交名片的女性却不多见。

如果你没有学会交换名片的基本姿势，那么从包里取出名片，并把取出的名片递交给对方的动作都会显得很不自然。但是，不管怎样，从你递交名片的那一瞬间开始，对方已然形成了对你的第一印象。而从对方手里拿到名片的那一瞬间开始，你与对方的人脉关系才算真正开始。

你有没有过这样的经历？在会议室或咖啡馆里同客户会面时，对方一进门你晕晕乎乎地站起来向对方说声"您好"以后，又悄悄地坐在自己的位置上。我曾有过这样的经历。因为，并不清楚是站着迎接客人还是坐着迎接客人。而当对方先递出名片的时候，才明白要相互交换名片，从而尴尬地从包里拿出名片。这留给对方的印象可能是一个初入社会的毛头小子。

如果是和上司同行，必须要记住一定要在上司交换名片以后，注视着对方的眼睛，用清楚、自信的声音说出"您好，我是×××，初次见面，请多关照"的开场白，而后以对方能看清楚字迹的方向郑重地递交自己的名片。看到对方坐下以后你再坐下，这些举止礼仪也会给对方留下积极的印象。这些短时间内发生的事情看似简单，但是初次见面时的言行举止，都会给对方留下深刻的第一印象。

名片管理是建立人脉关系的基础。因此在收到名片以后，要养成在名片上面写上与对方会面的日期、会面目的，以及对方的特点或第一印象等。如果只与一个人会面，还能依稀记得对方。但是一次性与很多人见面的情况下，仅仅过了一天就有可能搞不清楚哪张名片是哪位给的，而且有时候拿着一大堆名片，甚至不知道是何时收到的。

成功的首要条件是保持良好的习惯。如今有很多管理数据的计算机软件。如果收到的名片中有认为是必须要记住并加以管理的名片，为了以后方便发送邮件或寄出包裹，用相关软件把名片信息录入到数据库里，是一种好习惯。只拥有着数千张名片是没有多少意义的。重要的是，拥有现在立即打电话也会愉快地打招呼、相互问候的人脉关系。

据说某一家企业会为那些刚结束进修课程的员工或新员工举行欢迎会的同时，为他们准备名片盒作为礼物。因为刚涉足社会的年轻人并不清楚名片在商场上发挥的作用，所以这份礼物是前辈们精心为后辈们准备的。如果因为工作上的关系，你需要经常与人会面，那么今天出去逛逛街如何呢？当然，逛街的目的不是别的，而是购买名片盒和名片夹。

交换名片的举止礼仪

　　我们生活的社会，非常重视每个人的素养。即使是经济实力雄厚和外貌潇洒英俊的男性，如果第一次与女方家长用餐时，嘴里发出难听的吃饭声音或者连筷子都拿不好，肯定不会得到女方家长的高度评价。最基本的举止方面的缺陷，很可能会给其他条件带来消极影响，因此是非常致命的缺陷。如果连"最基本的"举止礼仪都未曾具备，即使具备再怎么优越的"条件"，也很难保持在别人心中的好感。

　　应聘一家公司也是同样的道理。即使简历上列出的条件很吸引人，但在面试时，在语气、表情、姿态、守时等方面无法给面试官留下好印象，就会惨遭淘汰。尤其是在交流过程中，相互之间没有任何好感，在对对方没有任何了解的情况下，就更加需要注意自己的言行举止。然而，二十几岁的女性往往有轻视举止礼仪的倾向，那么，我们就从被称之为商业礼仪的"名片礼仪"开始了解吧。

拿出名片的时候

　　急着赶到约会地点的时候，往往会因为找不到名片而手忙

144

脚乱。当对方已经拿出名片做好交换准备时，你却还在慌乱地翻弄着手提包，这样很可能会让对方认为你是没有准备的人。因此，我们要养成在电梯里或进入约定场所入口的时候，就把名片准备好的习惯。

递名片的时候

把自己的名片递给对方的时候，应该把名片的正面朝向对方。并且双手握着名片的一角，递到对方面前时简单说明"我是市场销售部的部长张三"，表明自己的部门、职位和姓名。

接到对方名片的时候

接对方名片的时候，举止礼仪也是非常重要的。接到名片以后，不要立即放入名片夹里，而是要一一确认对方的姓名和职位。在交流过程中，一定要不时地提到对方的名字，这时，一定要注意对方的"职位"。职位代表着对方在社会上的地位。把科长叫成代理，或把部长叫为次长的事情要避免发生，这样的低级错误对你很不利。

名片管理

如果你从事的是需要经常交换名片的工作，那么名片管理是能让你提高自身竞争力的一项重要事宜。凡是成功的 CEO 们都强调"一个人的成功，大部分来自于名片"。当然，并不是说名片越多，其竞争力就会越强。但是在社会生活中，可以说人脉关系就是财富，善于应用名片的人，可以获得比他人更强的获取信息的能力、认识他人的能力以及及时把握机会的能力。

据说一位营业员拿到客户名片以后，会把客户的血型、饮食习惯、喜欢的咖啡、可以通话的时间等信息分别记录下来，从而更加全面地管理客户信息。

选择与不同领域的人来往

对于大多数职业女性来说，一天中的大部分时间都要在公司里度过。因此，会希望和对自己有帮助的人共事，和自己喜欢的人一起吃午饭，和志同道合的人一起喝杯酒。但是，年复一年，如果你依然和同样的人吃着饭，每天重复着同样的话题，这不能算是明智的选择。每天面对着同样的环境、同样的人，只能让你自己前进的步伐越来越慢。

如果把可以跳到自己身长一百倍高度的跳蚤放入杯中，并盖上盖子，刚开始时，即使撞着脑袋也会不断往上跳跃。但是从某一瞬间开始，跳蚤只会跳到恰好不撞到盖子的高度。而后，即使把盖子挪开，跳蚤也跳不出杯子了。在不断重复的日常生活中，或许我们也在不知不觉中成了不能跳出杯子的跳蚤。那么在日常生活中，限制我们能力发挥的杯子或盖子会是什么呢？

第一是女人们喜欢成群结队的毛病。在会议室、卫生间，甚至在聚餐场所里，能经常看到女人们成群结队地坐着。电梯里都是男人的时候，女人会毫不犹豫地挤进电梯。但是电梯里都是女人的时候，男人就很难挤进电梯了。就这样，当女人们成群结队的时候，就失去了接触新信息的机会。

如果社会区别对待男女，很多女性会表示不满。但是我们需承认的是，男性有他们独特的成长环境，有只属于他们的人生哲学。男人和女人的确有很大的不同。如果是成功的领导人，不管是男性还是女性都要包容。而为了学会包容，我们需要认真倾听他们的故事。

从来没有多少人拜访的部门，自从有新的女员工加入后，变得热闹起来了。原因是，性格文静而且看似只专心于自己业务的新女员工，对那些委托各种业务的其他部门同事，既认真却又平易近人的态度，受到很多人的欢迎，也成为了晚餐聚会时不可缺少的"魅力女郎"。因为他们部门，主要做一些其他部门的辅助工作，所以本来业务部门之间的对话，只有在部长会议的时候才有可能实现。但是通过新员工，他们不仅详细了解到了其他部门员工的各种困难，还详细了解到了其他部门的运转情况，从而提高了工作效率。

 ·······································

因为对陌生事物的恐惧心理，放弃了挑战的 G

在国外某著名大学获得经济学硕士学位的 G 先生，回到韩国以后在服装公司里工作了几年时间。然而，虽然年薪也并不算低，但他百般考虑后觉得比起服装行业，自己还是更适合 IT 行业，因此希望我能给他一些指点。恰好，当时有一家 IT 相关企业表示，不管有无相关工作经验，只要是在美国著名大学获得硕士学位、英语好的人才，他们就会录用。因此，我就立即联系了这家企业，G 先生也当场通过了面试官的面试，最后顺利被企业录用。然而，这家 IT 企业虽然在相关领域里属于上等水平，但是对于一直在服装行业工作的 G 先生来说还是十分陌生。因此，G 先生要求学校和公司前后辈们给予一些指点，但是因为熟悉这个领域的人少之又少，所以大家都未能给出满意的答案。最后，G 先生放弃了进入这家 IT 公司的机会。

如今回想起来，我觉得他的这一选择十分可惜。尽可能地在各种领域里，同各种类型的人建立纽带关系是非常重要的。因为在决定性时刻，他们可以为自己提供意外的信息。关心我们的人的意见固然重要，但是要记住这样一件事实，对自己人生的责任，依然要由我们自己来承担。

如果平时相处的人很有限，那么我们一起来练习一下越过这些界限的方法。"其他部门的同事持着什么样的想法过着职场生活""其他人看到公司存在的问题或认为可激发员工积极性的方法是什么"，同其他部门的同事聚会，会让你思路大开。

当然，同自己熟悉的人在一起，会让你感觉十分舒服。相互熟悉的人们，看世界的眼光都会十分相似，因此批判的事物和憧憬的事物也会十分相似。如果一直习惯于与这些人交流，当与不太熟悉的人在一起时，就会感觉十分不自在。

但是，我们的目标是，在职场生活中尽可能多地与不同类型的人接触，并从与他们交流中获得经验，从而为以后可能会经历到的多种情况做好充分的准备。毕竟我们无法经历所有情况下的事情。因此，即便是那些从事其他领域的工作，并且与现今我们的工作没有直接联系的人，我们也要认真倾听他们的故事。

同时，那些熟悉的人们可能会在决定性时刻成为我们的障碍。家人、朋友、前后辈，大部分人是和我们一起聚集在同一个圈子里，并持着相似的价值观相互影响着对方。这些人会为我们的发展给予指点，真心希望我们能过上幸福快乐的生活。但是，当我们试图挑战新事物，梦想着改变自己的决定性时刻，他们又会成为我们前进道路上的最大障碍。因为，当真诚地忠告对方的时候，大部分人都是根据自己的尺度，在其范围内为对方给予指点。因此，这一指点具有很大的局限性。

下班以后，你会和谁约会？男朋友？女朋友？公司同事？成功女性每天晚上约会的对象，绝不会是同一个男人。因为，即使是同一个话题，根据对象的不同，也会有不同的启发。因此，她们主张，要主动与更多不同类型的人进行交流，从而得到更多新的启示。

🦋 与上司的交流，是我们迈向成功的桥梁

提高自身价值的方法中，有一项是与比自己优秀的人建立良好的人脉关系。有必要专门寻找那些比我们更有社会经验的人、拥有更丰富的人脉关系的人、更受大家欢迎的人、广泛受到周围人尊重的人，并通过和他们的交流，提高我们的经验值。但是，没必要担心那些极具实力的人，会不愿意和我们这些专业知识水平低、没有多少经验的人交流。只要我们真诚地倾听对方的故事，也会有很多人高度评价我们诚恳学习的态度，乐意和我们共享自身的宝贵经验。而那些只会牢牢守住自己拥有的东西，不愿意和其他人共享的人们，实际上对我们没有多少帮助，因此完全没有必要太过失望或失去信心。

我们要在自己的上司当中，寻找可以成为自己导师的人。如果是在公司内部得到高度认可的人，我们就有必要认真观察对方为什么会得到人们的称赞和尊敬。没有人会讨厌那些喜欢和尊敬自己，并能认真倾听自己故事的后辈。在建构良好的人脉关系中最高的"技巧"，就是真诚地倾听对方的故事、认可对方的优点、称赞对方的丰富经验。

这里，先不谈我个人的经验了。因为我知道，在有后辈们认可我的经验，并对我鼓掌叫好之前，我依然会认真倾听那些比我更有成就的人的故事。比起那些自传书，倾听身边人的人生故事，更为有益。

倾听人生导师的经验之谈时，我曾这样小心地问过他：

"如果您有一次重生的机会，您想做什么呢？"

而他的回答，时至今日我还清楚地记得。

"我从未后悔过自己的人生，即使重生，我也会选择同样的人生道路。"

从那次以后，我会时常回顾自己走过的人生路，反思自己的付出和努力是不是足以让自己过上无悔的人生。

我们要留心观察，那些得到他人的信任，在职场中获得成功的公司前辈们，他们是用怎样的方式与他人建立关系，以及与什么样的人建立良好的人脉关系的。要仔细观察，他们在拿出名片、报出自己姓名、探讨工作事宜、与对方约定下一次会面时间的时候，会用什么样的方法吸引对方站在自己一边。根据对象的不同，待人的方式也要有所不同。有时用攻击性的方法，有时用装傻的方法，使尽浑身解数把对方引到自己的原定方向，若能在具备这种能力的上司身上学到这一本事，那简直就是锦上添花了。纵使不能完全掌握这些能力，我们也可以与这些具有丰富经验的人们建立人脉关系，领悟到哪些是要学习的，哪些是要避免的，这就已经充满了意义。

如果我们十分缺乏经验，除了特别情况外，上司绝不会携同我们会见重要的客户。直到积累一定经验为止，我们只能被动地听着上司与客户电话上的业务交谈。但是，积攒了一定经验，业务范围不断扩大以后，尤其是具备了只属于自己的独特专业业绩以后，我们会慢慢得到与上司同行的机会。但一定要铭记在心的是，共享作为个人资产的人力资源，是一个非常艰难的决定，因此一旦有了与上司同行的机会，就需要尽全力应付一切事情。这样方能让上司感觉到"跟这位下属同行，让我更有面子"。也就是说，在正确分析上司优缺点的基础上，发挥出自己的才华，在聚会场所里尽量烘托上司的优点，并尽量弥补上司的缺点。这样一来，上司定会非常乐意把我们带入他的人脉关系中，从而帮助我们与更多的人建立良好的人脉关系。

作为女性，除了工作场合以外，没有多少机会通过上司认识到更多的人。而且，为了管理自己的人力资源，以私人身份联系通过上司认识的人，很可能还会受到对方的误会。

女人最为需要的，并不是一口气就想建立人脉关系的欲望，而是即使花费男人两倍的时间，也要与"好"人建立良好人际关系的意志。而培养辨别出好人的能力、与好人建立人脉关系的能力，都需要花费一定的时间和精力。

与上司出席同一活动，喧宾夺主的 N

很受大伙儿欢迎的 N 代理，性格十分开朗。不管是在何种聚会场合，都会成为活跃整场气氛的重要人物。在日常生活中，一直都是自信、开朗、大胆的她，给公司里的同事们留下了活泼、有趣的形象。

有一天，S部长要求N代理参加与海外客户的聚餐活动。而毕业于日语专业，工作以后也一直坚持使用日语的N代理认为，这正是一次展示自己超群的日语实力和熟练的待人能力的绝佳机会。因此，她立即答应了。因为当时双方已经签订了合同，聚餐活动中整场气氛十分轻松和愉快。来回喝了一两杯酒，待紧张气氛缓解得差不多了以后，N代理觉得发挥自己日语水平的时间到了。在醉得迷迷糊糊的情况下，她竟然开始与日本客户嘻嘻哈哈地开起了玩笑。而在某一瞬间，她看到了S部长的表情已经僵硬到了极点。

到底是哪里出了问题？问题就出在N代理一时间忘记了自己并不是过来玩的，而是为了让不熟悉日语的S部长，能与日本客户更加顺畅地进行沟通，即为了发挥辅助作用参加这次活动的。

与客户的聚餐，都是生意的延续。因此，即使场面气氛十分轻松，也要保持对上司的礼仪和关怀。而暂时忽略了这一原则，并在一瞬间骄傲地认为自己比S部长更有实力的N代理来说，还会有同样的机会参加类似的活动吗？

在第一家公司上班的时候，我十分渴望与更多的人建立良好的人脉关系。因为参加工作比较晚，希望能得到更多人的指点，

153

并希望能在短时间内与更多的人建立友好关系，所以在短短十七个月的职场生活中，我与一百三十五名员工中的七十八名，在个别或小规模的酒桌上喝过酒。而时至今日，还经常联系或在工作上可以得到帮助的前后辈已经屈指可数了。但是，对于 34 岁才在韩国从事第一份工作的我来说，参加前辈、后辈们的喝酒聚会活动，的确对我形成此后更熟练的待人处事方式有很大的帮助。

较晚参加工作的我，为了在短时间内建立起更广的人脉关系，选择了参加很多喝酒聚会活动，现在回想起来也算是不错的选择。但是，如今不一定要在酒桌上才能结交朋友，可以更加灵活地使用网络等先进的通讯工具。如果把自己从事的工作、自己所关心的事情，以及想与自己建立人脉关系的人所关心的事情，通过电子邮件或在线聊天的方式，真诚地传达给对方，相信对方一定会很感动。即使现在两人之间还存在一些隔阂，但一定要努力让对方在五年或十年以后成为自己的知心良友。

选择跳槽或找工作的时候，比起那些亲近的人，和你有一定距离的人会给你更多的帮助。在职场上，通过同事或上司的关系，介绍到另一家公司工作的情况很多。即使面试官是和我们只有一面之缘的人，在面试中我们被选中的几率也会很高。在酒桌上，不要光顾着与上司聊一些无关紧要的事情，要积极思考自己怎样才能具备上司所拥有的工作能力和人脉关系。

现在开始吸引猎头顾问的注意

扩大人脉关系最重要的目的就是为了获取更多的知识和信息，可以在关键时刻给予我们帮助。因为某种目的而建立起来的人脉关系是不可能长久的。不是出于某种利益，而是建立在相互之间的信赖和协助的基础之上的人脉关系，会成为提升自我价值的基础。

猎头顾问是靠人脉关系做生意的一类人。除猎头顾问以外，需要持续关注各种产业领域和业界动态的职业，我想不是很常见。假设一个顾问负责了数十家委托企业，并且那些企业需要招聘的职位恰恰都是你要找的工作范围，那么用专业的角度去挖掘人才的猎头顾问，他们肯定会拥有大量的人脉和企业信息。

开始从事猎头顾问这个职业之后，我遇见过很多人。但能够"正确使用"我的人并不多。探讨业界动态或寻求离职方面的意见时，虽然不能完全依赖猎头顾问所说的话，但可以听取一些有用的意见。如果能跟一名猎头顾问成为朋友，就等于扩大了你的人脉关系网。那么，如果想跟猎头顾问成为朋友，要怎么做呢？

在打算离职之前，首先要想到的是，要跟猎头顾问结下缘分。

一般在一家企业认真工作三年以上的人，很容易成为猎头顾问们的关注对象。好像越诚实的人就越会觉得，只有无情地挂掉猎头顾问打给你的电话，才是最对得起公司的方法。但随着"铁饭碗"的概念从人们的脑海里消失后，工作一年或两年后，可以以任何私人理由辞掉工作。建立人脉关系是很重要的一件事，一脚踢开从天上掉下来的机会实在不可取。虽然目前你对猎头顾问介绍的公司不太感兴趣，但只要通过这位猎头顾问，就可以抓到更好的机会，哪怕可能性再小，也需要与他们保持联系。

既然想与猎头顾问建立人脉关系，那就要找一个适合你的猎头顾问。如果是猎头顾问先给你打电话，那么你就要弄清楚那位猎头顾问负责的是哪类领域，并确认他都跟哪种类型的企业有来往。现在，每个猎头顾问进行的招聘委托，都可以通过网上查询，所以很容易就能确认他是否与你的专业领域有关联。

或者，你也可以去查一下你感兴趣的企业跟哪位猎头顾问签约了。为那些领域或企业负责寻找人才的猎头顾问，通常都拥有大量的相关信息。

在自己喜欢的领域中，跟你有人脉关系的猎头顾问的活动舞台越广，对你来说也就越有利。如同一般的人与人之间的关系，与猎头顾问的关系也不仅仅是因为"他是可以给我找工作的人"，而是要建立真正的友谊关系。只要你肯真心付出，自然就会有收获。

可以通过猎头顾问离职的机会，顶多有三四次。就算是三年跳槽一次，也需要与猎头顾问维持九年到十二年的友谊。为了能长久维持这种友谊，努力帮助猎头顾问的业务，是一件可以让你和猎头顾问维持关系的重要诱饵。要记住，在三年或六年之后，猎头顾问很可能会创造改变你人生的重要转折点。

猎头顾问跟每个委托公司都签有合约。委托公司在公司需要人力，并且需要的人才不能以公开的方式进行招聘的时候，就会委托给猎头顾问。那么猎头顾问就会按照委托公司提出的条件，寻找合适的人才。

猎头服务的费用非常昂贵，委托公司提出的条件自然也相当苛刻。例如，"网络营销工作经验六年以上，十年以下的科长级别，毕业于名牌大学的四年制本科毕业生，年龄在 33 岁～38 岁之间，离职现象不多的女性或男性"，这些都是最基本的条件。另外还会给我们寄来像"具体工作经验要局限于门户网站或大众网络营销"等形式的委托书。如果是外企的话，光是工作说明书，就有两三张。

偶尔，有些人会提出只要让自己参加面试，剩余的事情自己都会看着办的要求。但这种要求是不现实的。原因是，猎头顾问向委托公司提交的候选人名单，是评价猎头顾问是否能正确理解委托公司提出的条件的标准。每家委托公司的内部政策一般都不同，但是企业通常不会只委托一家猎头公司进行招聘。他们委托的猎头公司至少有两三家，多的时候甚至有十几家。也就是说，如果一家企业只招聘一个人时，猎头顾问只能推荐符合委托公司条件的最佳人选。有且只有一个。

事实就是这样，所以即便你遇到了猎头顾问，也不能确定就能进行一次成功的求职。其实，通过猎头顾问求职成功的几率并不是很高的。猎头公司的业务工作都是按照委托公司的要求进行的，业务性质比较被动，所以是否能为你推荐满意的职位并不确定。但如果是来往十年以上的猎头顾问，可以成为你人生中给予你很多帮助的好伙伴。

托夫勒在《财富的革命》中说过，"在未来，外包是企业的竞争力"。也就是说，比起自己拥有全部的能力，与拥有自己想要的能力的人或团体结交，才是最明智的选择。越是决定人生的重要事情，就越要执行外包战略。把猎头顾问加为好友，不断地获得信息，建立自己的履历管理战略吧。这才是和时间赛跑的过程中，生存下来的最佳方法。

猎头顾问乐意接见的人

猎头顾问每天都要查阅数十份简历。假设每天收到十份简历，一年就是三千多份，如果从中挑出最具魅力的简历，每年也会有一千多个。坦白说，想要把一千多名求职者的名字或工作经历都牢牢记住，是不太可能的事情。在私下能够长久地维持友谊，成为朋友的人不到求职者的10%。

如果让我从那么多的人中选择一名印象最深刻，现在也保持联系的人，我会选择P。

把我指定为自己的猎头顾问，加入会员的P，在留言板上给我留了言，但因为我没能及时给予回复，她直接给我发了邮件。

"您好，看了留言板里别人给您写的留言，得知您最近好像病了，不知现在好点没有？我建议您在保温杯里泡一杯茶，早上上班的时候带点喝……喝茶对治愈咳嗽是很有效的。如果我能给您寄点茶叶就好了……"虽然没有什么特别的内容，但比起那些"有适合的职位，请与我联系""请多多关照"之类的，仅仅以求职为目的、过于简单或太长的留言，她这样的留言更能让我体会友谊的温暖。

在之后的日子里，她在我留言板里的留言也都是与求职无关

的。例如，中国的天气情况、中国的主要信息或者一些简单的问候等，她慢慢地从单纯的候选人变成了我的人脉网中珍贵的一员。

每次来韩国出差的时候，她都会路过我的办公室，谈谈自己所做的业务和业界的最新信息，但一次也没有和我谈起过离职的事情。利用自己的人脉关系，在业界不断得到好评的她，没有任何目的和我保持友谊关系的原因是，她相信等过了五年或十年的时候，人生最宝贵的财富就是人。人脉网络的重要性，怎么强调都不为过。

和委托公司的全体领导举行有关招聘事宜的会议时，尽管她才三十几岁，但作为领导参加那次会议的她，向别的领导介绍说我是她的"朋友"。我当时激动的心情是无法用语言表达的。

创造自身品牌

世界上存在着两种价值：一种是有形价值，诸如以钱和名誉为象征的成功；另一种则是诸如忍耐、努力、经验等决定成功的无形价值。

大家认为应该选择这两者中的哪一项呢？

平时只用邮件与我进行业务交流的某企业人事部职员，我与她第一次见面的时候，就想她在公司内肯定很有人气。从她不太精练的语气上流露出的对于工作的热情，在与客户进行交流时，虽然没有太大的把握，但想尽量表现出成熟、自信态度的神情，看起来特别美丽。通过她说话的方式和态度，就能想象出她的上司是怎样的一个人。因为她让我感觉到，她正用一种积极向上的热情，努力汲取上司的优点，并想把那些优点变为己有。

职场中人们的模样趋于中性化的社会氛围中，有许多"趋于男性化的女性"和"趋于女性化的男性"，因此我只要见到美丽的职业女性，就会感到心动。男人有男人独特的男人味，女人也有女人独特的女人味。我们都散发出各自的魅力，诱惑对方。如果能更好地利用人脉关系发挥自己的魅力，我们就可以很成功地度过职场生活。那种魅力可以是男子汉的霸气，可以是女人的细腻，可以是受人尊敬的领导风范，也可以是对他人的关心。别的女同事跟男同事搭着肩膀的模样很令人羡慕，但用不着勉强自己去模仿，因为自己根本就不是那种外向的性格，如果硬要模仿的

161

话，只会让人觉得别扭。用自己文静而细腻的态度，给人留下"如果是那个人，就不会出错"的印象，得到别人的信赖会让你更加富有魅力。

虽然没有出众的口才、华丽的外表，但有些女职员一样会得到男职员们的青睐，他们希望与这些女职员一起工作。而在女职员们看来，她们并不具有很大的魅力，但她们需要帮助的时候，总会有很多男职员挺身而出，甚至还会告诉她们自己的秘诀。那么，她们周围总会围着很多人的理由是什么呢？

决定职场生活能否成功的因素大概分为：自我管理的努力、培养业务专业性的努力、对于人脉关系的努力。能够准确掌握自己给人留下的印象，能够发挥自己优点的女性；能够找出自己的强项或让自己开心的业务，并强化这项业务专业性的女性；能够在职场内外，成为被很多人支持的女性；还有，能够把自己的目光转向世界的女性，就属于职场生活中比较成功的人。

如果听到周围人说你是一位有魅力的女性，不管是谁，我想都会感到很高兴。人们的外貌有时会产生一些变化。著名的艺人在没有名气时的脸，彷徨时期的脸，和拥有巨大人气时的脸是不一样的。不能因此单纯地判断他们整了容，要想想是什么事情让他们的脸焕发光彩呢？

尚未成名时期，因为对未来的不安，流露在脸上的是一种缺乏自信、焦躁不安的心情。彷徨时期，是因为对自己的不满，容易对周围人发脾气，没有空闲时间去关心他人，充满空虚的感觉。但拥有人气的时候，洋溢在脸上的是果断抛开自己的贪婪，全心投入到能发挥自己的特长和魅力的环境当中时，隐藏在谦虚背后、从内心迸发出来的自信。所以，一个人真正的魅力并不来自于外表，而来自于自信。在职场生活中，能够给人感觉充满魅力的女性，都是非常了解自己的人。

魔镜，魔镜，谁是世界上最美丽的人？

每天都勤于打扮自己的女人，总是很美丽。在上班的路上或上班后在公司内急忙化妆的女人，却会让人皱眉蹙额。因为这反映出她们没有为迎接新的一天做好准备。洪在奎在《野人》中"打扮内心的化妆术"一文里，说过这样一句话——化妆既是面孔的妆扮，也是内心世界的妆扮。大清早坐在镜子面前，想着今天要给人留下怎样的印象，眼睛要看什么，嘴要说什么。化妆的时间是通过镜子看着自己，决心要努力度过一天的最珍贵的时间。总是努力打扮自己的人是非常美丽的。

打开公司大门，踏进公司的那一瞬间，呈现在你眼前的，是你要与同事们度过一天的空间。最好不要静悄悄地在自己的座位上坐下，应该用明朗而又欢快的声音跟大家说"大家好"或"早上好"，让大家意识到你的存在。就算你先打招呼，有些没礼貌的同事可能也不会搭理你，而有些年龄小的后辈，见了你也不会先向你打招呼。但没必要一一关注这些人的反应，因为拥有这种反应的人，只能说明他们是消极或没有自信的人。与同事们大方地打招呼，不仅能表现出你的积极态度与热情，而且还能找出像

你一样充满活力的同事。

有一位很难相处的老职员，对于新来的职员，特别是女性职员，表现得非常苛刻。但她与一位新来的女性职员在很短时间内亲近了起来。我问她到底喜欢那位女职员的哪些方面。她的回答出乎意料的简单。

"每次路过我们部门的时候，不管我什么表情，她都会微笑着打招呼，看着她的微笑，我的心情就会变好。"

微笑的力量是如此神奇，它会使对方的心情愉快，甚至能平息一场战争。生活中让我们不开心的事情特别多，因为繁重的业务而备受压力，因为私事而烦恼，因为跟男友吵架而心情不好……但不管怎样，谁也不愿意整天对着一张苦瓜脸。对于上班的人来说，业务上的事情已经够让人头痛了，如果再面对这种人，会让他们痛上加痛。而不管面临多大的困难，脸上总不失微笑的人，会让对方充满活力。

世界上没有百分之百完美的人。就算有，也会因为缺乏人情味，而得不到周围人的喜爱。诚实、热情而又美丽的女人，即使有一些缺陷（自己或许没察觉到的缺点），也会得到更多人的喜爱。在工作过程中，如果有一些不能理解的，或感觉只要得到一些帮助就能做得很完美的事情，那么不要犹豫，敞开心扉向周围人请求帮助吧。不要担心人们会认为你是一个连一点小事都不能独立完成的人，最重要的是让人们感觉到你每天都在不断进步。当你觉得自己不如别人时，你应该先承认你的缺点。同时还可以跟前辈们撒撒娇，"哇，原来是这么做啊。哎，如果没有前辈，我该怎么度过这艰苦的职场生活啊。"这种方法，可以让对方真心真意地帮助你。坦诚地说出自己的缺点，真诚地赞扬别人的优点，使人们关注的焦点不要集中在你的缺点上，而是对方的优点上，这是让对方支持你的最基本的处世艺术。

总是抱怨的人，周围也都是类似的人。对公司的不满、对别人的不满、对工作的压力等，只要你开始牢骚，它就会一发不可收拾。我有一阵子也是这样。现在想起来其实也不是什么大不了的事情，但当时因为身处"不满的人群"当中，所以不知不觉中说出了"像这样蓄积在一起的水，总有一天会变成臭水沟"等极端的话。最后，映入我眼帘的全都是公司的缺点而不是优点，所以辞掉了工作。离开公司很久后，我才发现其实那家公司的办公环境和对职员们的福利都是非常好的。

比起总是抱怨不满，能够独立想出解决方法的做法会让你受益匪浅。对于别人也是一样。就像是受到爱人赞美会变得更漂亮，受到赞扬的孩子学习就会更加认真一样，给予一句赞扬和鼓励的话，你会得到十倍、二十倍的感激和信赖。

很多人都问我，如何才能成为一名有魅力的女人，具体应该怎么做。其实答案非常简单。在佩戴流行的宝石或钻戒之前，先留心观察一下自己平时的着装和化妆风格。大部分女性平时都把注意力放在怎样使用"某种宝石"点缀自己，至于宝石到底适不适合自己，就不太感兴趣了。想成为适合戴宝石的女人，首先要做的是进行自我分析。现在在 A4 纸上写上以下几个问题，进行一下自我分析吧：自己的习惯，兴趣，业务能力，目标行业，期望薪资，子女教育观，自己在一年、三年、五年、十年后的模样等。

外表和人事考核不成正比

在上下班时间相对自由的 U 公司，上班不到三个月的 L 主任，对公司产生了很大的影响。她的每一天都是忙忙碌碌的，甚至引得旁人都跟着她一起手忙脚乱。匆忙地打开门跑进来坐在自己的位置上，很明显可以看出，她是刚睡醒之后，匆匆忙忙洗完脸就跑出来的。一坐到座位之后，就从手提包里拿出化妆品，开始化妆。过不了一会儿，完全变成另外一个人的 L，开始跟同事们聊天。

看着 L 的 C 组长，心里的火气不打一处来。但如果骂她"上班后你就白白浪费 15 分钟！"就怕别人说自己很小气，所以也不敢多说什么。只是自言自语地说："早来 15 分钟，去化妆间化个妆多好……"但由于 L 在业务上也没出现过什么差错，所以就没有说什么。其实，除了早上爱睡懒觉之外，L 是一个活泼开朗的人，不管是外表还是举动，都是一个非常可爱的女生，同事们也都很喜欢她。

但不管对方是谁，只要聚在一起，她就开始抱怨对公司的不满。时间一长，受她的影响，对公司抱有不满的职员也越来越多。职员们聚在一起就对公司乱发议论，或者是说上司的坏话，这并不是一件很稀奇或不可饶恕的事情。但在制订人事考核制度的 C 组长眼里，L 主任的各种举动都不能给予高分。从测定业务成果的标准来看，连自己的时间都不能安排好的 L 主任，C 组长能给多少分呢？

在平时提高竞争力的方法

世界在变，职业女性不断增多，人口增长率减少，离婚率也在升高。且不说生育和离婚问题，宣布要加入单身族的女性也越来越多了。不管是单身贵族还是同时扮演家庭主妇和职业女性角色的人，都希望获得经济上的独立。因为谁也不知道将来会发生什么事情。

谈论"女性们的竞争力"已经不是什么新鲜事了。不，应该说听得太多，都感觉有点麻木了。但并不会因为听得多，所有女性就会为培养竞争力而努力。大部分女性谈起"竞争"，都会觉得那是一件很困难的事情。因为她们觉得只有拥有外语能力、海外留学经验以及持续不断地自我提高才可以称得上有竞争力。其实，就算不花费大量的资金和努力，也可以培养竞争力。

女性"不喜欢聚餐"VS男性"没有聚餐是不行的"

如果让职业女性选出最不想参加的聚会，大部分人可能会选择"与上司们一同出席的酒会"。特别是面对年龄偏大，职位偏高的上司时，会让人更加不自在。别人也没敬酒，却平白无故地先空出酒杯，怕自己不小心说错话，连累到自己的直属上司，所以一直坐立不安。但是，公司聚餐往往又是一项必不可少的业务。与开会相比，聚餐能获得更多的信息，而且还可以获得跟平时很难见到、职位偏高的上司们建立人脉关系的机会。

但对于公司聚餐的概念，男性和女性的想法是截然不同的。男人们为了能在竞争中生存下来，很少缺席公司聚餐。但女性会事先看看与自己关系亲密的同事参不参加，然后再决定自己是否也要参加。当然，并非所有的女性都这样。根据企业文化和出席的人，情况也会有所不同，但大部分女性的确对下班后举行的公司聚餐，有一定的心理负担。其实，很多男人对这种场合也是有负担的。

既然决定要参加了，那么就发挥"积极参与的精神"，引领公司的聚餐文化吧。从下次开始，别人对你的看法就会有所不同。不要认为"男人本来就喜欢酒席"，所以把他们的参与想成是理所当然的事情。要记住，他们也是抱着很大的负担出席聚餐的，并且是考虑到公司聚餐的重要性才会参加酒席的。

不喜欢活动的女人 VS 喜欢活动的女人

最容易获得信息的途径就是网络。如果外语好，还可以在外国网站上进行搜索。但信息的价值是根据"新颖度"来做评价的，而不是"数量"。获得的信息量和目前最需要的业务，绝对是不同的。比起十张纸的信息，有时候一行有用的信息更能让你被别人认可为"信息型人才"。

我想劝女性去参加可以获得有关信息的研讨会或各种俱乐部。

169

大部分最具决定性的信息不是来自于"网络"，而是来自于"人"。

我以前参加过一次投资商说明会。当时演讲者说过这么一句话：

"各位，从我拿起麦克风开始讲故事起，我的信息就失去了生命力。当我的信息被不特定的某些人熟悉后，它就会丧失自己的功能。但各位还是幸运的。如果大家是通过网上搜索听到我讲的课，那么各位就会成为最后一个听到死信息的人。"

听到这句话，我会意地点了点头。不一定是跟业务有关的研讨会，不管是时装秀也好，自己感兴趣的博览会也罢，只要亲自去参加就可以。只要感受过"现场带来的魅力"后，你就会喜欢上参加各种活动。

给自己的工作镶上品牌

有一句话说得好，追求名牌不如创造名牌，且不论自己有没有能力，想拥有和创造名牌是全世界人们的共同愿望。人们喜欢名牌的理由是因为它带来舒适感，它的质量、设计均与其他产品不同。那么何谓名牌，名牌不是流行歌曲，过了一个时代就会被遗忘，而是经过长时间的发展，以具有的特定的技术能力和企划力为基本，越用越能发挥真实价值的商品品牌。只有在真正懂得名牌价值的人手里时，名牌才会发挥出自己真正的价值。

企业也是如此，不管能不能给予适当的待遇，看到名牌人才都想将其留住。所以为了能留住最高级的人才，企业会投入巨大成本。那么，把自己变成名牌的方法是什么呢？

首先，要唤醒沉睡在内心深处的真正的自己。如果不能认识自己，不管工作经历多么丰富，不管学识多么渊博，都不能满足成为名牌人才的条件。发现自己的潜能可能是我们要用尽一生去完成的作业，我能做好什么、做什么才能让我感觉幸福，不断研究什么才可以提高自己的价值，这些才是把自己变成名牌的最佳方法。就像是在一个大碗里先放一块大石头，而后还可以继续放沙子一样，如果先填满沙子，那石头就放不下了，所以越早找到可以填满碗的大石头，可以有效填满碗的几率就会越高。

在过去从事的业务中，找出自己认为特别有自信，自己觉得有价值的业务。现在要做的不是定期反复做那项业务，而是要找出可以提高那些业务价值的方法，并成为那个领域的专家。

职场就是这样，即便你找到了自己喜欢的业务，有时还不得不处理一些和自己业务不相关的"讨厌的"业务。如果对业务的热情过高，想自己处理掉所有的事情，那么就容易把自己想做的事情忽视掉，从而失去主次。处理业务时，要制定优先顺序，统筹分配时间。要培养这样的习惯，每天早上做的第一件事情，就是先整理一遍当天要完成的业务，然后从最重要的业务，即附加值高的业务开始逐一处理。

公司的职务分配是以最高的效率为基础的，为了向企业证明我们高效的工作效率，也为了自己的业务能力能够得到公司的认可，我们必须努力提高我们的业务水平，丰富自己的专业知识。

随着业务水平的提高，我们的工作效率也会提高，那么当我们出色、高效地完成了公司分配的任务时，公司就会意识到我们的工作效率。

认真完成接到的任务，收集相关信息，熟读有关书籍，把学到的知识灵活运用到工作当中，这需要一个相当长的过程。

在税务会计所工作过的G小姐，成功进入了一家大企业。为了适应每个企业不同的适用标准，她的每一天都过得非常艰辛，加班如同家常便饭。但她不顾艰苦的工作环境，不断地自我激励，结果在别人一个月也撑不下去的地方，坚持工作了五年以上，既培养了实力也积累了工作经验。

与此同时，她还学习了有关这些领域的大学课程，结果简历投出去后没过一周，她就被录用了。本来是新职员，但因为她有着五年的相关工作经历，人事部负责人反而说应该跟G学习学习，对于她的条件表示很满意。

G找到了自己的目标，以此更加巩固了自己的未来。

尽忠职守的D和开辟自己领域的P之间的差距

大学刚毕业的D进入了一家风险企业，但她却是个连电脑都不会使用的职员。因为专业是日语，所以主要负责公司与日本企业之间的交流，既是安排经理日程表的秘书，也是公司的管家。但她对于自己是否真正喜欢这份工作并不清楚，对自己将来要怎样积累经验也毫无想法，只是每天处理自己的业务。不管怎样，在公司工作三年之后，对电脑也慢慢开始熟练起来，也升职当了经理助理。而且在三年的时间里，通过与其他企业的交流，商务会话能力和理解能力也得到了明显提高。但是 D 在代表理事的秘书角色和提高专业性的海外经营者的职位之间，总是不能做出选择，于是就在不断的犹豫中荒废了珍贵的时间。

然而，比 D 晚两年进入公司的 P，虽然日语实力比 D 差一些，但却是一个很有主见的女性，她很清楚自己想做什么事情。跟日本企业进行业务的时候总会自荐表示自己想接手任务，平时还拼命加班，并向大家展示自己正在不断努力提高日语水平。

当要进行针对日本客户的大型项目时，公司没有选择从新职员时就开始为公司东奔西跑的 D，而是选了 P。因为在经理的眼里，主见明确的 P 更具有专业性的业务处理能力。

🦋 最明智的投资——打造都是自己人的环境

在最近一次调查中，对"职场中女性的敌人就是女性"这句话，十名女性中有八名表示赞同。听说从 2000 年开始，公司内部女性之间的矛盾越来越深，所以想寻找解决矛盾方法的公司也逐渐增多。但仔细想想，在竞争当中，女性的对手并不是女性。刚开始上班的时候，可能会觉得比起难相处的男性，女性才是自己的竞争对手。但随着职位的升高，坐到领导职位后，你的对手就不再是女性，而是男性了。再过几年，这种性别区分就变得毫无意义。不分性别，只有真正拥有实力的人才会在竞争中生存下来。

就算现在你战胜了同事，升了职，但是打江山容易坐江山难，你不能保证十年以后还能稳固地坐在那个职位上。在职场上，比竞争更重要的是肚量。等你当上了部长，当上了领导之后，广泛的人脉关系和管理能力将决定你的竞争力。所以，不管对方是男性还是女性，要尽可能与他们建立良好的人脉关系。那么，建立一个职场所需要的，离开工作岗位后也可以给你帮助的人脉关系的秘诀是什么呢？

第一，要学会站在公司的立场考虑问题。

在公司里，一般会存在三个不同的立场：公司的立场、职员的立场、自己的立场。对公司来说，最好的人才是能够站在公司的立场上考虑问题的人。能够站在公司的立场考虑问题，说明你不仅会在自己的业务上下工夫，还会顾及到与其他职员的关系，懂得与他人合作，共同为公司创造出高业绩。当工作时间还很短时，因为与决定公司政策或发展方向的领导们很难聚在一起，所以会很难理解经营上的各种政策。但是通过上司派来的任务和公司定期举行的会议上发表的内容，我们要试着培养"如果我是经营者"或"如果我是领导"该如何解决问题的思考方式。

这种思考方式有两种好处。第一，在上司或领导的眼里，能站在公司的立场上考虑问题的职员，具备了以后可以升职为管理者的"可能性"；第二，这种努力会给予你的未来很大的帮助。

第二，要学会站在同事的立场上考虑问题。

一个公司，有许多不同的部门，每个部门的同事性格特点、表达方式、工作方式都是各不相同。说话容易伤人的同事、斤斤计较的同事、妒忌心强的同事，甚至还有为了立功而不择手段的同事等。是和这种同事成为对手进行战争，还是采取友好对策避免这些同事对我采取敌对态度，其选择权就在你手里，就看你怎么处理了。人都有善良的一面和恶毒的一面。既然如此，引出对方善良的一面，会让你的职场生活更加舒适。以下事情虽然不是发生在公司内，但我清楚地看过一个人表现出不同的两面。

在美国生活的时候，公寓里有一个小壁炉。每个星期都会有个樵夫装着满满一车子的木柴，挨家挨户地询问要不要买。虽然樵夫长得很凶恶，但木柴卖得很便宜，所以我跟他要了20美元的木柴，他给的比我想象的还要多。衣衫褴褛的他让我感觉很可怜，所以我多给了他2美元，还问他要不要喝点水。我清楚地记着那一瞬间，他的眼睛里闪过一丝感动，时至今日我依然没有忘记。他既没收我的2美元，也没有喝水，离开了一会儿后又回来，手里拿了些木柴默默地给我堆起来，之后向我敬个礼就走了。

大概过了一个月后，有一天我回家看见樵夫正在搬木柴，那天樵夫的脸看起来更加凶恶。原来是疑心重的室友，怕樵夫会偷东西或做什么坏事，在旁边叉着手直盯着他。结果，那天我们同样付了 20 美元，但买到的木柴比上次少一半。

站在对方的立场上关心对方，大部分人也会对你慈爱有加。职场上的同事也一样。站在对方的立场上想一想，为什么对方一定要发火，为什么业务效率会降低，如果可以理解他们并安慰他们，想让同事站在自己这一边并不是难事。

第三，要学会站在公司和同事之间，用自己的标准考虑问题。

一个能站在公司的立场和同事的立场思考问题的人，肯定会成为人气很高的职员。但两方的立场不可能每次都兼顾，所以很容易会产生矛盾。劳资问题产生时，我们需要摆正自己的立场。产生矛盾的时候，起重要作用的是自己的判断标准。如果别人做什么你也跟着做什么，说不定最后你会后悔，也很难培养出成为领导所需要的客观判断能力。最常见的状况就是，公司领导被撤换的时候、最信赖的上司辞职的时候、公司内部组织整改的时候，我们没能弄清真实情况，因失去自我而失去判断力。

之所以要培养经营理念，是为了能够以更开阔的视野看清公司的动态。公司内部不太稳定的时候，只要相信自己的判断标准，默默地走自己的路，等公司重新得到安定的时候，你就可以得到升职机会或寻找到更好的出路。

第四，充分发挥女性特有的长处吧。

随着公司里女性职员的增多，企业文化也产生了很大变化，跟女上司合作的几率也变高了。但是这种趋势还不足十年，所以升到领导职位的女性相对来说还是比较少的。为了公司与个人的成功而努力成为管理者的女性，她们所发挥出来的领导能力会给公司的后辈女性职员们带来很大的影响。

职位越高，对职员的要求也越高是女性上司们的特点。女性的晋级竞争比男性们更加激烈。所以那些对工作马马虎虎、因私事疏忽业务、以自己是女性为借口、对工作挑肥拣瘦的人，都是不能容忍的。但在严格要求职员的同时你也要记住，你目前的态度会成为许多后辈女性们学习的模范。女性拥有的母爱是来自于对他人的包容。

某企业的 C 组长是一位顺其自然、非常有平常心的女性，她认为该升职的时候自然会升职，就算不能升职，只要努力做好自己的工作也不失为一种成功。在数年的职场生活中，她从未迟到过，早上 8 点准时上班，晚上 7 点准时下班，就这样兢兢业业地工作。每天下班后她会抽出两个小时的时间搜索、学习有关业务方面的知识，或者为了实现未来的计划，去读一些相关的书籍。

因为职员人数逐渐增多，她的管理范围也随之扩大，所以感到有一些负担，但她有着与众不同的思考方式。她的原则就是凡事都要量力而行，要知道自己能做到的事情和做不到的事情，根据职员们的能力和长处给他们分配任务，职员们出色完成任务时，就给予相应的鼓励和赞扬。在她的领导下，公司的工作氛围比较轻松，有些职员偶尔会因此忘记了自己是部下，但如果工作态度良好，处理业务时没有出现过失误，她就不再计较。她诚实的工作态度、处理业务的原则，以及对职员们的赞扬和鼓励，使她成了职员们最想与之共事的上司。

"赞扬能使一个人的能力得到双倍的发挥。不管是男职员还是女职员，只要适当地给予赞扬和鼓励，他们就会为工作付出十倍的努力。当职员们说'我完成了这项任务'时，我能从他们眼里看到'我做得好吧，你会赞扬我吧？'的期待感。我跟他们说不用在上班时间以外继续工作，但他们就是不听。"

从笑着说这些话的 C 组长的表情中，我发现了正在慢慢走向成功的领导者的模样。

世界上存在着两种价值：一种是有形价值，诸如以钱和名誉为象征的成功；另一种则是诸如忍耐、努力、经验等决定成功的无形价值。大家认为应该选择这两者中的哪一项呢？答案是要么"两个都选"，要么就"选择后者"。理由是，只有先形成无形价值，才可能把有形的成功握在手里。如果是为了得到人心，就更应该如此。

海阔凭鱼跃，成为"全球化人才"

任何企业都需求的人才就是"全球化人才"。不管是在 IT、造船业、建筑业，还是在服务业、娱乐业等领域，那些有能力推动公司进军海外，有能力向海外宣传自己的产品，了解国际市场的动向，能让企业走向国际化的人才，是每个企业都需要的。最让在职人员或求职人员感到头疼的就是，可以帮助他们活跃于国际市场的工具——语言。为了巩固在公司的地位，不论是英语还是汉语，一定要通过长时间的学习和积累，才能掌握。

但之前也说过，并不是说只要掌握语言就可以成为全球化人才。与海外企业协商时，要了解对方的文化和业务方式，准确掌握对方的心思，确定自己想要取得哪种成果，才能成为全球化人才。即使是用不熟练的语言进行交流，也有获得成功的机会；也有用地道的英语进行协商，却得不到任何成果的情况。从这一点就能看出，除了语言外我们还要掌握其他的必要知识。那么为了在公司内能成为得到认可的全球化人才，我们应该做些什么呢？

第一，从国际市场趋向的角度来理解自己的业务。

网络信息之丰富足以让你瞠目结舌。搜索你所从事的业务和产业领域，很轻易能搜索出活跃在国际市场的企业名称。就和获得关于国内企业的信息一样，在全球范围内具有竞争力的企业，都会在公司内部网站上上传企业的年度报表。这些企业的年度报告表中有市场流动的分析、企业的财务信息等。所以，你可以从中获得与你从事的业务相关的信息。

第二，掌握目前国际市场的动向。

年度报表的重点是企业过去的业绩，关于目前市场动态的信息可能会相对少一些。为了能持续掌握国际市场的动向，首先要关注国内外杂志或报刊，还要定期访问国际报刊网站，仔细阅读关于你想从事的业务的新闻。

第三，以特定国家为目标。

熟读年度报表或国际周刊的目的，是为了培养自己掌握产业动向的能力。掌握国际市场的动向，可以扩大你的业务眼界。进行海外业务时，对当地的市场状况、对企业的分析及开发的可能性等问题，事先没有作针对性的调查，而盲目地说"我想去国外工作"的人比比皆是。我们就说一说，最近备受世界关注的中国吧。

中国的确是一个求职机会很多的国家，为了能找出对自己的未来有帮助的机会，首先要明确当自己以中国为对象时，真正想得到的是什么，也就是说先要找到目标。在此基础上，需要对中国的文化、政治、经济状况作一个深入的了解和学习。

可以在韩国与中国企业做生意，也可以亲自到中国开创出一片新天地，但在没有相关知识的情况下盲目投资，可能会白白浪费宝贵的时间和财富。也就是说，想要成为全球化人才，在国际市场中竞争，首先要强化自己的专业知识，然后再把自己选择的国家作为对象，确定自己想要的到底是什么。

无的放矢、盲目跳进"阔海"的P

长时间在大企业里担任IT顾问的P组长，对了如指掌的业务和环境，逐渐感到了厌倦。有一天，他偶然看见了一家旅美侨胞运营的美国企业，正在招聘IT项目经理的信息。招聘信息中说，英语实力不突出，不会对业务的处理产生太大的阻碍。他希望能在美国重新开始新的生活。因此，经过一番激烈的思想斗争，他还是决定冒一次险，果断地提交了辞职信。

要拿到正式签证需要等一年左右的时间，但因为想事先体验一下当地生活，P用访问签证坐上了飞往美国的飞机。英语也不熟练，对当地生活也不太了解的P，发现美国的生活和自己想象中的完全不一样。不像韩国有着四通八达的交通，可以准时到达目的地；公司里也没有举行聚餐的习惯，更没有可以与同事们一起喝酒消除疲劳的酒席。每天都要和电脑打交道，到了下班时间，同事们都回家了，独自坐在空荡荡的办公室里，除了工作还是工作的职场生活，让工作不到一个月的他感觉快要窒息了。他这才发现美国并不是他梦想的天堂。最终不到两个月，他就坐上了返回韩国的飞机。P组长之所以会扫兴而归，最主要的原因是在选择去美国工作之前，没有事先了解清楚美国的地域文化特征、生活习惯和工作方式等，单纯地想换一种生活方式的目

的是不明确的，也是不理智的。

··

　　有一句话叫做"见财起意"，即是"见人钱财，动起歹念"的意思。以前这句话主要起警示作用，但现在不同了。不要习惯于现有的生活，不要被目前的稳定迷惑自己的双眼。女同胞们！现在就请大家在叫做"人生"的地址栏里，输入"全球"吧，让自己沉浸在其中吧。这也许是一件像与白马王子一见钟情一样，刺激而又充满诱惑的事情。

尾声　比猎头顾问找上门更重要的事情

美国弗吉尼亚州西部森特维尔的一栋楼房，是我留学生活最后一年住过的地方。这间楼房的客厅总是充满阳光。

在一个阳光明媚的午后，我躺在客厅的沙发上睡着了，这时隐隐约约地听到有个人低声细语地对我说："你幸福吗？"

我吓了一跳，噌地爬起来环顾了四周，但屋子里只有耀眼的阳光，没有一个人影。当时韩国正遭受外汇危机，我家也因此遭遇到了前所未有的危机。那段时间，我正在为自己不顾家里的经济情况而继续留学而深感自责，在我耳边响起的这句话，让我至今难忘，就像一个警钟一样，时刻敲打着我的心灵。是啊，你幸福吗？

从小一起长大的朋友、踏入社会后认识的前辈或后辈、成为猎头顾问后结交的许多人，通过关注他们每个人的人生，我深深地体会到，人这一生总有一些不如意，总有一些磕磕绊绊。仔细回想起来，还真是不少呢：大学落榜的时候；跟恋人分手的时候；留学时期，身无分文，不知该怎么办才好的那些日子；毫无任何经验就开始找工作的时候；毫无准备辞掉工作的时候；公司发展不景气，不得不另谋饭碗的时候……那时那刻，我是多么希望这种种痛苦能够尽快结束。有时，还会埋怨上天，到底想让我做什么伟大的事情，要让我承受如此痛苦。

183

　　现在回想起来，当初所经历的一切都是我自己一手造成的，当然，克服那些困难，最终让自己走向成功的也是我自己。但直到上了年纪后，我才懂得在人生道路上唯一的舵手就是自己。幸福与痛苦，成功和失败都掌握在自己的手里，都因我而定。

　　一个人的成功与失败，往往取决于战胜困难的勇气和力量。只要打开心扉，观察周围人的人生，你就很容易理解这句话。除了目前所看见的事实外，如果更加体会别人的不安，能站在他人的立场上看待现实，那么我们在遇到类似的危机时，就可以很机智地处理。

　　一个接近不惑之年，在著名外企上班的朋友，突然想要抹掉过去的岁月，重新开始新的人生。为什么呢？拥有数亿年薪的人，突然辞掉工作，开始运营自己的事业，但历经几次失败，仍然不肯放弃的原因是什么呢？在二十几年的时间里，作为一个优秀的家长、一个有能力的职员，一个拥有高年薪，受到众人羡慕的人，为什么突然对自己度过的岁月感到悔恨，感到痛苦不已呢？其实那些人，都是努力度过生命每一瞬间的人。但遗憾的是，他们从一开始就没有为自己的人生把握好航向。他们是失败的舵手。

　　本书所介绍的是，如何打造可以提高自己身价的工作经历。但是成为猎头顾问用高年薪挖掘的对象，并不是决定人生成功与否的关键。我也曾经是一个很失败的人。空有丰富的工作经历和高学历，当初的我没有认真规划好自己的人生，因此也没有把自己打造成猎头顾问挖掘的对象。但现在，我想通过这本书，传达我现在比任何时候都充满了对未来的自信。

　　谁的人生都不可能是一帆风顺的，我的人生也是一样。我有过痛苦、孤独和无助的时候；有过锁着门，拉上窗帘，一个月以上的时间没跟任何人讲过话，整天沉迷在电脑游戏中的经历；也有过在没有护照的情况下，去了别的国家，蹲在移民局的角落里不断哭泣的经历；觉得赚钱比学习更有趣，所以为了卖东西，徘徊在美国东部地区的经历；因为毫无准备地辞掉了工作，几个月的时间都泡在网吧和漫画店里的经历；声称要做生意，却把巨款弄飞等。一路走过，起起落落，人生几何？

　　可以说，在我人生的前期，我几乎是处处碰壁，撞得头破血流，我的学历没能百分百地派上用场，但如果让我回到过去重新选择，我想我依然会选择同样的人生。当然，前提是通过我之前的经历再次可以拥有现在的人脉和自信。我偏爱这种经历是因为我独特的个性，我希望大家好好为自己做好计划，让自己人生的每一步都充满意义。

　　过了五十岁或六十岁的时候，可以把自己在职场里付出的努力和得到的成果适当地派上用场，不用依赖子女，不给周围人带来麻烦，安享晚年才可以说是成功的人生。

　　我猜想看过这本书的女性们，不管有没有丈夫和子女，都想维持自己的经济独立。这是当下社会的一个新趋势。女人只有经济独立，才能得到尊重和认可，才能过上自己想要的舒适生活。

　　作为女人，想要长时间维持自己的经济能力，可能要比男人需要更多的经验和知识，当然还有能力不俗的经营头脑。想要经

营自己的人生，首先要对自己有绝对的自信和不到黄河不死心的决心；其次就是要不断提升自己的知识结构和业务能力；除了自己本身的努力之外，最重要的就是搞好人际关系。可谓天时、地利、人和，若想成功，这三者缺一不可。

在坐地铁的时候，我经常看到一些年轻人沉浸在音乐的世界里不能自拔，丝毫不关心耳机里流淌出来的歌声是否打扰了别人；还有一些年轻人深埋着头在那里不停地按着手机，不是打游戏，就是发短信，总之他们都沉浸在自己的世界里，两耳不闻窗外事。我觉得这种现象很不乐观，现在的年轻人都不乐于与外界沟通，自我封闭。当然这也可能是时代的进步和技术的发展造成的结果。但不管怎样，人与人之间关系的形成并不是单方面的事情。简单点说，人和人之间的交往，就是一个付出与回报的反复重复的过程。

现在有很多人都认为，人脉关系决定一个人的成败。有很多人失败的原因不在于专业知识的不足，而是人际关系的失败。人脉关系建立在沟通交流的基础上，而交流沟通则主要反应在语言上。简单地说，就是会不会说话，会不会"听话"。说话是一门学问，但"听话"更是一门技巧。能够认真倾听对方的话语，你便能很好地洞察他的内心，从而获得引导人生的成功智慧。

物竞天择，我们所生活的时代很残酷，有许多很努力、很认真的人，还没等参与到竞争当中，就被早早地淘汰了。对于我们女性来说，为了能在竞争中与男人们平起平坐，就要学会扬长避短，发挥女性特有的细腻和包容。为了成为职员们想一起工作的上司，我们还要学会鼓励职员和同事，为了大家能够"一起"走向明天，还要学会温柔的鞭策。

时代越来越需要感性营销、感性管理。在这方面，女性比男性更有潜力。就算你面对的是一个冷淡的男职员，如果在他出色完成业务时适时赞扬，他的心里一定也会像小孩一样乐开了花。这个例子告诉我们女性应该扮演什么样的角色。

企业喜欢什么样的人才呢？即使业务能力比别人稍微差一些，但为了职员或公司的形象，会捡起地板上的一块小垃圾的人；一个能站在经营者的立场上，看待公司的人。这些都是我在经营公司的时候总结的心得。企业也知道，这种职员越多，企业发展的机会也会越多。在自我经营中，善于站在他人的立场上看待问题、思考问题的人，往往比其他人更容易获得成功。善解人意是一种能力，更是一种提升你价值的魅力。